PHOTOLOGIE FORESTIÈRE

par
Louis ROUSSEL

Ingénieur Agronome
Ingénier des Eaux et Forêts
Docteur - Ingénieur
Conservateur des Eaux et Forêts (ER)
Socio straniero dell'ACCADEMIA
ITALIANA di SCIENZE FORESTALI

Réédition 2016

PRÉSENTATION

Il n'est nul besoin d'être un observateur averti, pour admettre que la caractéristique la plus apparente du milieu forestier est l'importante réduction de l'éclairement que l'on y constate. Les forestiers ont, bien entendu, observé de longue date ce phénomène, en même temps qu'ils enregistraient les comportements différents des jeunes arbres du sous-bois, suivant leur espèce, et en fonction de cette réduction. C'est ainsi que, peu à peu, s'est constituée, depuis de nombreux siècles, une sylviculture empirique, où l'on parle beaucoup de "coupes sombres" et de "coupes claires", et où les espèces ligneuses sont classées en "essences d'ombre" et en "essences de lumière". Toutes ces appréciations restant purement qualitatives.

Si l'on admet que l'avancement de toute science commence à partir du moment où l'on peut remplacer les mots par des chiffres, on comprend quels progrès considérables seront réalisés quand on saura, d'une façon précise, mesurer la lumière sylvestre, et relier ses variations aux changements de comportement des diverses espèces ligneuses cultivées. Tels sont les buts de la photologie forestière, qui n'envisage, du reste, que les radiations naturelles non ionisantes (de l'ultraviolet proche, à l'extrême infrarouge), et dont les progrès ont été considérables ces dernières années.

Dans son ouvrage, l'auteur expose, outre les résultats de multiples recherches personnelles, les conclusions auxquelles sont arrivés, d'une façon souvent indépendante, un certain nombre de chercheurs étrangers. Cet ensemble de théories et d'observations paraît actuellement assez cohérent, pour qu'une synthèse en soit donnée ; bien entendu, elle ne fait pas le point exhaustif et définitif sur cette très vaste question, mais elle constitue un tableau, aussi complet que possible, de l'état, en 1970, de cette discipline nouvelle.

L'ouvrage débute par des indications générales sur les rapports entre le rayonnement solaire et les êtres vivants, tels qu'ils ont été envisagés dans les cosmogonies primitives, puis tels qu'ils sont expliqués par les dernières théories scientifiques ; le champ d'application de la photologie forestière est alors sommairement défini.

Ensuite, sont étudiés, classés par catégories, les divers types d'appareils utilisés dans les observations photométriques, spécialement en forêt. Diverses considérations théoriques sont développées à cette occasion. Les résultats chiffrés, obtenus par un certain nombre d'auteurs, sont alors exposés avec quelques détails.

INTRODUCTION

Depuis une vingtaine d'années, Louis Roussel poursuit, avec beaucoup de compétence et de méthode, l'étude des radiations naturelles et de leur influence sur le milieu forestier. La première publication de ses travaux remonte à 1952. C'était l'exposé de la thèse qu'il soutint le 5 novembre 1952 pour obtenir le grade de Docteur-Ingénieur. Depuis cette date, il a écrit de nombreux articles dans diverses Revues techniques, et notamment dans le Bulletin de la Société Forestière de Franche-Comté qui en a réuni plusieurs dans un opuscule paru en 1968.

Au début de ses travaux, prenant la suite des timides essais effectués par la Station de Recherches forestières rattachée alors à l'Ecole Nationale des Eaux et Forêts de Nancy, Louis Roussel concentra ses études sur les deux essences forestières les plus importantes du Haut Jura : le sapin et l'épicéa.

Un peu plus tard, il les étendit aux essences feuillues de la Haute-Saône et de la Champagne.

Le présent ouvrage est, à la fois, un résumé de l'ensemble de ses travaux, et une mise au point des conceptions modernes sur ces problèmes, telles qu'elles résultent des publications contemporaines françaises et étrangères. Dans cette courte introduction, je n'entrerai pas dans le détail des nombreuses questions que soulève l'étude des radiations naturelles et de leur action sur la vie du milieu forestier. Je voudrais seulement insister sur l'importance, théorique et pratique de ces travaux : une science nouvelle se crée, faisant appel aux disciplines les plus variées. Déjà d'intéressants résultats ont été acquis, permettant, par exemple, de définir avec une certaine précision de vieilles notions fondamentales, assez floues, comme les distinctions entre " essences d'ombre " et " essences de lumière ", la luminosité nécessaire à la naissance des semis dans les régénérations naturelles, et à leur croissance aux divers âges, etc ...

Au fur et à mesure qu'elles se développeront, ces études apporteront aux écologistes et au forestiers une documentation solide, et contribueront à donner, à ces disciplines un caractère plus scientifique, et, sur le plan pratique, à améliorer la production.

L'ouvrage de Louis Roussel, très clair et très documenté, projette des clartés nouvelles sur les exigences de la vie végétale et mérite, incontestablement, de retenir l'attention de tous ceux qui, à des titres divers, s'intéressent à ces problèmes.

A. OUDIN
Ingénieur Général des Eaux et Forêts (E.R.), Directeur Honoraire de l'Ecole Nationale des Eaux et Forêts

RAPPEL DE QUELQUES DÉFINITIONS

LONGUEUR	micron (μ)	= 10^{-6} mètre
	millimicron (mμ) ou nanomètre (nm)	= 10^{-9} mètre
	angström (Å)	= 10^{-10} mètre
	longueur d'onde (lambda)	= distance qui sépare 2 amplitudes identiques et consécutives d'un mouvement périodique
FRÉQUENCE	hertz (Hz)	= unité de fréquence (nombre de vibrations par seconde) d'un mouvement périodique
ÉNERGIE	calorie par centimètre carré et par minute (cal/cm^2/mn) ou (cal.cm^{-2}.mn^{-1})	= unité d'éclairement énergétique (ou bien par heure, par jour, par mois ou par an)
	calorie par centimètre carré (cal/cm^2)	= s'appelle aussi langley (ly)
	calorie par minute (cal/mn)	= équivaut à 0,07 watt
	d°	= équivaut à 4,186 joules/minute ou à 4,186.10^7 ergs/minute
	électron-volt (eV)	= énergie cinétique acquise par un électron soumis à une différence de potentiel de 1 volt
PHOTOMÉTRIE	lux	= éclairement reçu à 1 mètre d'une source ponctuelle d'intensité lumineuse de 1 bougie (candela), sur une surface normale à la direction de la source
	bougie (candela) par mètre carré	= brillance (luminance) d'une source lumineuse d'une bougie (candela) d'une surface de 1 mètre carré (extension : brillance énergétique)
	facteur de transmission optique (T)	= rapport du flux lumineux transmis par un corps au flux lumineux incident (extension : transmission énergétique)
	densité optique (D)	= logarithme décimal de l'inverse du facteur de transmission optique (extension : densité énergétique)
	albédo (A)	= facteur de réflexion diffuse d'une surface terrestre (roche, neige, culture, forêt, etc...) ou aquatique

Dans les recherches de biologie végétale, on se sert de plus en plus des «tests statistiques» qui permettent d'évaluer le degré de signification qu'il convient d'attacher aux résultats des diverses expériences. Les principaux tests utilisés sont, dans les expériences rapportées plus loin :

TESTS STATISTIQUES

critère χ^2 de Pearson = ajustement de résultats obtenus expérimentalement à des valeurs calculées théoriquement

coefficient de corrélation «r» = définition du degré de liaison entre deux séries de caractères quantitatifs :
. liaison directe absolue = +1
. liaison inverse absolue = -1
. aucune liaison = 0

test « t » de Student Fisher = détermination de la valeur d'une expérience comparative portant sur un petit nombre de sujets

Quand la probabilité d'intervention du hasard est inférieure à 5 %, on dit que l'expérience est significative (indication s° du texte) - quand cette probabilité est inférieure à 1 %, on dit que l'expérience est très significative (indication s°° du texte) - quand cette probabilité est inférieure à 0,1 %, on dit que l'expérience est hautement significative (indication S°°° du texte).

CHAPITRE PREMIER

LE SOLEIL ET LE MONDE VIVANT

LE SOLEIL DIVINISÉ

Dès que l'homme a commencé à réfléchir, il a tenté de se comprendre et de se situer dans l'Univers, et il n'a pu méconnaître l'influence considérable qu'exerçaient, sur sa vie même, les éléments de son environnement, et d'abord, le soleil : rythmes du jour et de la nuit qui règlent son activité, saisons qui déclenchent les phénomènes de la végétation, années qui l'acheminent lentement vers sa tombe. PLATON, qui enseignait la philosophie quatre siècles avant J. C., affirmait que " le démiurge de tout ce qui a été fait, c'est le grand géomètre et arithmète de l'Univers, le soleil ".

Les civilisations anciennes ont accordé une grande importance à l'astre du jour, mais, ne comprenant pas bien quelle était sa nature et de quelle façon il agissait, elles ont cru se concilier ses faveurs en le divinisant. Il est frappant, en effet, de constater, ainsi que de nombreuses recherches archéologiques l'ont mis en évidence, le nombre de Dieux qui se réclamaient autrefois du soleil. Survolons rapidement ces anciennes croyances :

En Mésopotamie, où s'est établie l'une des plus anciennes civilisations, celle de SUMER, près de 4000 ans avant J. C., le Dieu du soleil était UTU (on trouve aussi l'orthographe HUTU, et ces petites divergences sont très fréquentes dans toutes les publications archéologiques). Dans cette région soumise à une insolation intense, l'influence des rayons solaires, bénéfique au printemps, pouvait devenir nocive en été, et la vieille légende sumérienne du jardinier rapporte, qu'autrefois, on utilisait l'ombre de certains arbres (le sarbatu ?) pour abriter les cultures.

L'épopée de GILGAMESCH, héros parti à la recherche des cèdres au " pays des vivants ", ne se termine heureusement que grâce à l'intervention du Dieu UTU.

Après SUMER s'installèrent, en Mésopotamie, les civilisations d'ASSUR, au nord, et de BABYLONE, au sud. Dans cette dernière ville, les Dieux pouvaient être groupés en triades. Dans la première figurait MARDUK, Dieu du ciel, et dans la seconde, SHAMASH, Dieu du soleil. Ce dernier, représenté souvent par un lion ailé, portait comme emblème le disque solaire. SHAMASH symbolisait, en même temps, la justice, car, par définition, le soleil chasse la nuit, propice aux méchants ; il inonde le monde de sa lumière et voit tout. L'un des rois de cette période, HAMMURABI, législateur fécond, est représenté en position d'adoration devant le Dieu SHAMASH.

À peu près à la même époque, l'Egypte honorait aussi le soleil. Dès que MÉNÈS, roi des déserts du sud, étendit sa domination, 3000 ans avant J.C., à l'ensemble de la vallée du Nil, on vit se multiplier des temples et des pyramides, des statues et des bas-reliefs, des fresques et des manuscrits qui, déchiffrés assez récemment, montrèrent l'importance qu'attachaient les Egyptiens à l'influence des Dieux solaires. Le Dieu du soleil était RÂ (ou RÊ) : " il apparaît le matin, dans sa barque divine, et prend le nom de KHEPRI. Au zénith, il est vraiment RÂ, puis il descend à l'horizon, se couche et devient ATOUM ".
Il change alors d'esquif, et voguant dans les espaces inférieurs, au sein de la terre NOUT, il disparaît pour renaître le lendemain matin. En liaison avec cette mort apparente, puis avec cette résurrection, les prêtres égyptiens firent d'abord participer le Pharaon (fils de RÊ), puis un certain nombre de hauts dignitaires, puis l'ensemble du peuple à ce cycle solaire, afin de les rendre immortels. Ce culte fut surtout développé à HÉLIOPOLIS, dont le nom est très significatif, et à MEMPHIS, dans le delta du Nil. Le roi des Dieux, AMON, fut souvent associé à RÊ, Dieu du soleil, et la divinité AMON-RÊ, fut adorée comme un Dieu unique.
Mais c'est surtout AMÉNOPHIS IV (qui prit le nom d'AKHENATON), près de 14 siècles avant J. C., qui développa le culte du soleil et l'érigea en religion d'Etat. Un Dieu local, ATON, devint le seul Dieu solaire reconnu. Il était représenté par un disque solaire, dont les rayons se terminaient par des mains, caressant et protégeant les membres de la famille du Pharaon (Fig. 1). On lui adressait des hymnes, parfois fort beaux, comme celui, souvent cité, extrait du " Livre des morts " :

Tu apparais en beauté, à l'horizon du ciel,
Disque vivant, qui as inauguré la vie..................................

Tes rayons nourrissent la campagne,
Dès que tu brilles, les plantes vivent et poussent par toi.
Tu fais les saisons pour développer ce que tu as créé.

Il faudra attendre des temps plus récents pour retrouver des phrases d'un tel lyrisme et d'une telle envolée.
La philosophie égyptienne rapportait, du reste, que RÊ, en se posant sur la " colline primitive ", avait créé le monde visible, les pyramides furent, peut-être, des essais de reconstitution de cette éminence sacrée. Quant aux temples ornés d'obélisques, d'une signification probablement marquée d'un symbolisme solaire, ils étaient construits de telle sorte que la lumière directe allait en diminuant jusqu'au sanctuaire central où se trouvait l'effigie de chaque Dieu, comme au sein de la terre NOUT. Ce Dieu était, chaque année, exposé en cérémonie à la lumière du jour.

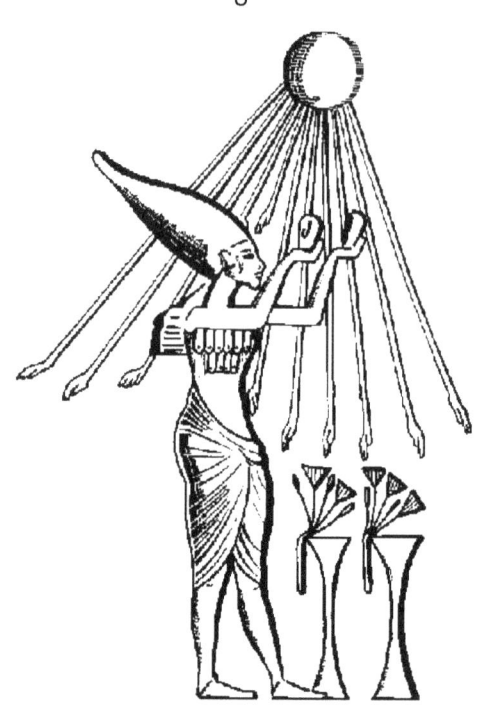

FIGURE 1 - AKHENATON faisant une libation **au Dieu ATON** (Musée du Caire).

Les Dieux secondaires étaient souvent représentés ornés d'un disque solaire ; HATHOR, HORUS le Dieu faucon, SAKHMET la déesse à tête de lionne, HAPIS (ou Apis) également, le taureau sacré, se réclamaient de ce symbole.

On pourrait continuer à suivre les aspects divers de ces théogonies dans les civilisations européennes primitives : chez les Grecs, ZEUS, le " Père lumineux ", HÉLIOS et les mésaventures de son fils PHAÉTON, ainsi que PROMÉTHÉE, dérobant au char céleste un rayon dont il fit l'âme de l'homme.

JUPITER, chez les Romains, et chez les Celtes EOL et BELEN, BELTIN en Ecosse, étaient des Dieux dont l'éclat était emprunté au soleil.

Dans l'Inde ancienne, à l'époque védique, plusieurs Dieux étaient, comme dans l'Iran voisin, d'essence solaire (VAROUNA = AHURA MAZDAH, Dieu de la lumière, MITRA = MITHRA, Dieu du soleil, AGNI, également, Dieu du feu du soleil, et de la foudre). Ceci près de 1000 ans avant J.C.

Au Japon, l'une des légendes les plus répandues est celle d'AMATERASOU-KAMI, Déesse du Soleil, qui, s'étant retirée dans une grotte obscure, priva la terre de sa lumière. Grâce à un miroir magique, cette Déesse, malgré tout femme et coquette, fut attirée hors de sa caverne, et la lumière régna à nouveau sur le monde. Le " miroir d'or ", œuvre du " Grand Forgeron ", réapparaît par la suite dans l'histoire mythique du Japon.

Enfin, passant en Amérique, on sait l'étonnement des conquérants espagnols devant les cultes solaires, parfois sanglants, pratiqués encore près de 15 siècles après J.C. : les Aztèques, au Mexique, honoraient HUITZILOPOCHTLI, en lui sacrifiant, sur l'effigie du génie sanguinaire, CHAC-MOOL, de très nombreuses victimes (20 000, dit-on, en 1486, sous le règne d'AHUITZOL) - les Mayas, leurs voisins, rendaient le même culte au Dieu solaire PIPlL. Plus au sud, les Incas, dans les Andes, adoraient le soleil sous la forme du Dieu MANCO CAPAC ; les conquistadores trouvèrent, dans ce pays, des temples dédiés au soleil, des maisons des " vierges du soleil " qui se consacraient au culte de cet astre, et de très nombreux vestiges de ces croyances, matérialisées par des objets en or, abondamment répandus, et à l'attrait desquels ils ne restèrent pas insensibles.

On pourrait multiplier et développer ces divers exemples, on ne ferait que renforcer cette idée que les civilisations anciennes, et d'autres parfois assez récentes, ont divinisé le soleil, rendant ainsi l'hommage le plus éclatant à sa puissance et à son rôle primordial.

LE SOLEIL QUANTIFIÉ

Un rayon de 700 000 km, une masse totale de 2.10^{27} tonnes, une température absolue externe voisine de 6000°K, mais interne de près de 15.10^6 °K, tel se présente aux astronomes modernes l'astre solaire autour duquel gravitent la terre et les autres planètes. On pense que
l'énergie extraordinaire fournie par le soleil a pour origine la transformation continue de l'hydrogène, son constituant essentiel, en hélium, et sa masse est telle que l'on estime que cette réaction pourra continuer, sans s'affaiblir, pendant plusieurs milliards d'années. Sa surface lumineuse, ou photosphère, émet vers la terre des rayons visibles (0,4 à 0,7μ environ de longueur d'onde), et d'autres rayons, de plus grande et de plus courte longueur d'onde, partiellement arrêtés par notre atmosphère, de telle sorte que, pratiquement, la surface de notre globe reçoit surtout, directement du soleil, des rayons dont la longueur d'onde est comprise entre 0,25 à 0,30 μ (limite de l'ultraviolet) et 2,5 à 3 μ (limite de l'infrarouge).

En outre, une autre partie des rayons solaires est absorbée par l'atmosphère de la terre, laquelle s'échauffe et émet alors, vers l'intérieur, des rayons de plus grande longueur d'onde (de 3 à 35 ou 40μ environ).

Des radiations différentes sont reçues par la terre, en provenance du soleil, mais leur intensité est infiniment plus faible que celles qui viennent d'être énumérées ; elles sont surtout perceptibles lors des éruptions qui agitent, périodiquement, la surface de cet astre. Ce sont d'abord des ondes hertziennes (dont la longueur d'onde varie de 1 cm à 20 m environ) ; leur intensité, souvent négligeable, peut, en cas d'éruption solaire, être multipliée par mille, ou même par un million. Ce sont aussi des rayons de très haute énergie (X et gamma par exemple), dont la longueur d'onde est de quelques fractions de micron, qui se manifestent par les aurores polaires dans la haute atmosphère, ou bien, après de multiples chocs avec les molécules de l'air (enrichi en ozone en haute altitude), parviennent au niveau du sol considérablement affaiblis. Les mesures effectuées grâce aux satellites artificiels ont permis, ces dernières années, de faire avancer considérablement nos connaissances en ce domaine.

L'énergie totale reçue du soleil, en une journée, par la terre (de rayon R), en admettant comme constante solaire (nombre de calories/gramme par centimètre carré et par minute, interceptées en moyenne par la section droite de notre globe), le chiffre de 1,94, est fournie par la relation suivante:

$$W = \frac{1,94 \cdot \pi R^2 \cdot 1440}{4 \pi R^2} = 700 \text{ cal/cm}^2\text{/jour}$$
$$\text{ou } 700 \text{ ly/jour}$$

Sur le total de 700 ly, 300 ly environ (à peu près 43 %) proviennent directement du soleil et du ciel (sous forme de rayons de relativement courte longueur d'onde - 0,25 à 3μ, comme il est dit plus haut); le surplus vient de. l'atmosphère, sous forme de rayons infrarouges de plus grande longueur d'onde.

Or, on admet, depuis PLANCK, EINSTEIN, DE BROGLIE (pour ne citer que les physiciens qui ont apporté les vues les plus nouvelles en cette matière), que les radiations sont constituées par une infinité de corpuscules d'énergie, les photons, associés à des ondes électromagnétiques. Ce concept est, du reste, assez difficile à assimiler complètement, mais il est nécessaire de l'admettre, si l'on veut rendre compte de tous les effets des radiations.

EINSTEIN définit lui-même ces photons, comme de petits grains, des " pois " de lumière, se déplaçant à une très grande vitesse, non susceptible d'être dépassée (300 000 km par seconde dans le vide absolu). Chaque photon est porteur d'un " quantum d'énergie ", variable avec la longueur de l'onde qui lui est associée, et à laquelle il est relié par une expression simple :

$$e \text{ (quantum d'énergie d'un photon en eV)} = \frac{1,240}{\lambda} \begin{array}{l} \text{(constante)} \\ \text{(longueur d'onde en } \mu\text{)} \end{array}$$

Par exemple, et d'une façon approximative, l'énergie d'un photon violet, à l'extrémité du spectre visible, est de 3,12 eV, celle du photon rouge, à l'autre extrémité du même spectre, de 1,77 eV.

C'est dans ce sens que l'on peut dire que l'énergie des radiations solaires est quantifiée. Nos 300 ly/jour, chiffrant l'énergie reçue en moyenne, à la surface du globe, sont représentés matériellement, dans cette théorie, par un nombre extrêmement grand de photons. Par analogie avec le nombre N (6.10^{23}), bien connu des chimistes, et qui représente le nombre des molécules réelles contenues dans une molécule - gramme de matière, les physiciens utilisent une unité spéciale : "l'einstein"qui correspond à la somme d'énergie fournie par N (6.10^{23}) photons, qui, selon la longueur d'onde associée à ceux-ci, s'exprime également en calories/gramme, watts, ou joules.

Voici du reste un petit tableau qui résume les caractéristiques principales de quelques rayons visibles :

ÉNERGIE

λ	(μ)	par photon eV	par einstein (6.10^{23} photons)	
			joules	calories
0,4	(violet)	3,12	299 000	72 000
0,5	(bleu-vert)	2,50	239 000	57 000
0,6	(orange)	2,08	199 000	48 000
0,7	(rouge)	1,77	169 000	41 000

Le rayonnement solaire comprend, on le sait, des radiations de longueur d'onde et d'énergie différentes ; ceci résulte, à la fois, de considérations théoriques et de données expérimentales. D'une façon assez grossière, on peut ainsi estimer qu'en une journée moyenne, chaque centimètre carré de surface horizontale de notre globe reçoit, du soleil et du ciel, de 3 à 4.10^{21} photons. Cette évaluation est, naturellement, faite avec une très large approximation.

LA PHOTOCHIMIE

La matière inerte, dans son intimité, est également, et d'une certaine façon, corpusculaire. Divisée en un nombre très grand de molécules (6.10^{23} par exemple, dans 18 grammes d'eau), elle s'est révélée, depuis un demi-siècle environ, d'une structure encore plus complexe (RUTHERFORD, BOHR, DE BROGLIE). La molécule d'eau, mentionnée plus haut, est constituée d'un atome d'oxygène et de 2 atomes d'hydrogène associés. L'atome d'hydrogène renferme, en son centre, un noyau formé d'un seul corpuscule à charge électrique positive, le proton, autour duquel gravite, à vitesse très élevée, un corpuscule 1840 fois plus petit, à charge électrique négative égale à celle du proton : l'électron. C'est le cas le plus simple. L'atome d'oxygène est déjà bien plus complexe : son noyau est formé de 8 protons chargés positivement, et de 8 neutrons, électriquement neutres. Autour de ce noyau, gravitent 2 électrons sur une orbite rapprochée, et 6 électrons sur une orbite plus éloignée. Comme ces 8 électrons sont chargés négativement, l'atome d'oxygène est électriquement neutre. La liaison entre les deux atomes d'hydrogène et l'atome d'oxygène se fait par une sorte de mise en commun de certains électrons, et cet état prend le nom de " covalence ", on le sait, relativement stable.

Bien entendu, certains atomes peuvent être bien plus complexes, comme celui d'uranium, par exemple, qui renferme 92 protons, groupés dans le noyau et 92 électrons répartis en 7 orbites différentes.

Les orbites, outre leur nombre, peuvent présenter certaines autres caractéristiques, et, pour leur classification, on adopte actuellement 4 séries d'éléments :

1° Le rang de l'orbite à partir du noyau : a) rang baptisé " couche K ", b) rang baptisé " couche L", etc.

2° L'ellipticité de l'orbite.

3° L'orientation qu'elle prend par rapport à un champ magnétique déterminé.

4° Le sens de rotation des électrons sur eux-mêmes (ou spin).

Ces 4 éléments constituent les " nombres quantiques ", et le nombre de leurs combinaisons est assez grand pour représenter les divers atomes.

Enfin la stabilité des atomes et des molécules est assurée par des forces de cohésion de nature diverse, intenses en général dans le cas des noyaux (association intime des protons et des neutrons), moins fortes en ce qui concerne le maintien des électrons sur leurs orbites, plus faibles encore, en ce qui concerne la liaison des atomes dans les molécules, et celle des molécules entre elles.

C'est à DE BROGLIE (1923) que l'on doit la notion que les corpuscules constituant les atomes (les électrons par exemple) sont, comme les photons, associés à des ondes, sur la nature desquelles on a beaucoup discuté : réalité physique ? - simple concept mathématique ? - expression d'une probabilité de position ? Actuellement, les " probabilistes " semblent l'emporter. En tous cas, cette théorie de l'union : particule matérielle/onde, est à la base de la " mécanique ondulatoire " qui s'est révélée fructueuse en chimie physique.

Or, ces mondes miniaturisés que constituent, sans exception, toutes les substances inertes, sont soumis, fréquemment, à des rayonnements, (d'origine artificielle, ou naturelle - c'est-à-dire, dans ce dernier cas, très souvent d'origine solaire). Ils sont donc, en quelque sorte " bombardés " par une pluie de photons de plus ou moins grande énergie. Dans le cas spécial d'une exposition aux radiations atomiques, s'ajoutent, aux photons, des particules de haute énergie (protons, électrons, neutrons notamment). De toutes façons, des impacts se produisent avec les cibles mobiles que constituent les électrons atomiques ou moléculaires, en perpétuel mouvement sur leurs orbites habituelles et avec les noyaux. Il en résulte des effets des plus variés.

Suivant l'énergie des photons, on peut constater :
1° une simple accélération de l'agitation thermique des molécules, agitation constante dans tous les corps à une température un peu éloignée du zéro absolu. Cet effet est très souvent enregistré, puisqu'un seul photon rouge absorbé par une molécule peut lui communiquer une agitation égale à 50 fois celle qu'elle a normalement à une température de 15/20°C ;
2° le déplacement d'un électron sur une orbite plus éloignée que celle qu'il occupe habituellement. En général, un photon de lumière visible possède théoriquement une énergie suffisante pour réaliser cette modification de l'état électronique des atomes, ou des molécules, qui prennent ainsi un état dit " excité ". Mais il faut que l'énergie du photon corresponde à celle qui est nécessaire au déplacement de l'électron sur sa nouvelle orbite. L'énergie est libérée quand l'électron regagne, en une ou plusieurs fois, son orbite primitive ;
3° l'arrachement d'un électron à l'attraction du noyau de son atome, ou des noyaux de la molécule. Pour ce faire, il faut, et suivant les cas, des photons (ou des particules) d'une énergie supérieure à 3 ... 20 eV. Seuls donc, certains rayons ultraviolets peuvent, parfois, provoquer cette modification importante que l'on appelle " ionisation ". Cet effet peut, du reste, être obtenu aussi par d'autres voies. La molécule ionisée ayant perdu l'un de ses électrons (négatif), se trouve électriquement déséquilibrée ;
4° l'éclatement du noyau, et donc la dislocation complète de l'atome. Cet effet n'est atteint, en général, qu'avec des particules de très haute énergie produites, par exemple, par la radioactivité naturelle ou artificielle.

Bien d'autres effets peuvent être observés, mais le cas 2° (déplacement d'un électron, d'une orbite sur une autre, par un photon d'énergie modérée) se rencontre fréquemment dans les phénomènes photochimiques (Fig. 2). En effet, quand l'électron déplacé regagne son orbite primitive, il libère l'énergie qu'il a emmagasinée. S'il appartient à une molécule complexe, celle-ci peut se fractionner en parties plus petites. Elle peut devenir réductrice (prendre à l'une de ses voisines un ou plusieurs atomes d'oxygène). Parfois, certains corps exposés à la lumière deviennent conducteurs d'électricité et il en résulte divers effets, comme une action catalytique photochimique. On rencontre aussi des phénomènes d'émission de lumière de longue durée (dits de phosphorescence) - ou de courte durée (fluorescence), etc.

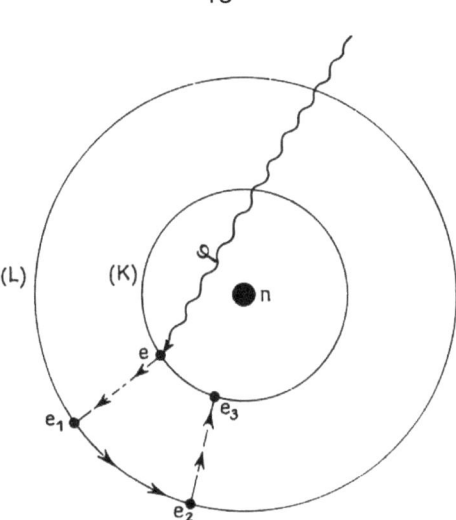

FIG 2 - Effet photochimique (cas simple). - Autour d'un noyau **n**, gravite un électron e, sur son orbite **(K)**. Sous l'action d'un photon extérieur phi, cet électron est placé sur une orbite plus éloignée **(L)**. En revenant sur l'orbite **(K)**, il libère de l'énergie, origine de l'effet photochimique. Le photon, quant à lui, a disparu.

Plus simplement, dans de nombreux cas, on ne constate aucun effet des genres précédents ; le seul résultat appréciable est un échauffement du corps exposé à la lumière.

Dans la pratique photochimique, on savait depuis longtemps que certains colorants " passaient " à la lumière. Cette transformation est industriellement importante et elle a été bien étudiée. La laine, par exemple, jaunit sous certains rayons (ultraviolets), et blanchit sous d'autres (de couleur bleue). En chimie, on avait constaté que l'hydrogène et le chlore se combinaient de façon explosive, dans un ballon transparent, quand il était exposé à la lumière solaire. À la lumière diffuse, la réaction était bien plus lente. Au début de ces expériences, on les considérait comme de simples curiosités de laboratoire, mais le développement foudroyant de la photographie et de ses multiples applications a suscité, dans cette direction, des études de plus en plus poussées. Des " lois photochimiques " ont été élaborées et des découvertes très intéressantes ont été effectuées: celle des substances photosensibilisantes notamment. Un corps, dont les propriétés chimiques varient très peu, ou même pas du tout, quand il est exposé à certaines radiations, peut voir son comportement modifié du tout au tout, quand on adjoint au système une nouvelle substance, dite photosensibilisante, qui capte l'énergie desdites radiations et la transfère au corps jusqu'alors insensible. Cette notion nouvelle a reçu de nombreuses applications, en photographie notamment, pour la mise au point des substances photosensibles actuelles.

LA PHOTOBIOLOGIE

Les êtres vivants sont constitués de substances organiques, souvent complexes, classées en protides, lipides et glucides. Leur masse moléculaire peut atteindre des valeurs élevées (parfois jusqu'à 40 ou 50 000 fois, au moins celle de l'atome d'hydrogène). Elle peut aussi être très modérée, comme dans le cas de certains glucides. Le caractère principal des substances organiques est d'être composées principalement de carbone, d'hydrogène, d'oxygène et d'azote. D'autres corps simples (le calcium, le phosphore, le potassium, le sodium, etc...) peuvent s'incorporer à ces molécules. Mais, quelle que soit leur complication, leur constitution intime est la même que celle des corps inertes. En particulier, elles comportent des cortèges d'électrons qui peuvent être déplacés, ou éjectés, par des photons d'énergie moyenne ou élevée. L'objet de cet exposé n'est pas d'énumérer les mutilations, ou. les destructions que peuvent subir les êtres vivants quand ils ont été exposés aux radiations atomiques, constituées de photons et de particules de très haute énergie. Mais, la sensibilité de la peau humaine à un simple bain de soleil, la perception par l'œil des images colorées, l'utilisation de la lumière par les végétaux à chlorophylle ne sont que des aspects banaux, et en réalité déjà fort bien connus de ce que l'on nomme actuellement: " la photobiologie ". Il s'agit, en somme, d'une simple extension des principes de la photochimie classique à des molécules organiques complexes, constituants essentiels de tous les êtres vivants ; dans ces molécules, les électrons, déplacés sur des orbites plus éloignées des noyaux, restituent l'énergie qu'ils ont reçue quand ils regagnent leur position primitive. Telle est souvent l'origine de l'effet photobiologique.

    L'étude de cet effet peut s'effectuer à des niveaux de précision très différents. Par exemple, on peut observer l'action de l'intensité de la lumière naturelle sur la fixation du gaz carbonique et le dégagement de l'oxygène dans la photosynthèse de divers végétaux, toutes les autres conditions du milieu (température, alimentation en eau, teneur de l'air en gaz carbonique, nature du sol, etc ...) restant constantes. Des instruments relativement simples pour mesurer l'intensité énergétique des radiations, et des appareillages d'une complexité non excessive permettant de chiffrer l'intensité de la photosynthèse sont alors suffisants.

    Mais on peut désirer bien plus de précision ; par exemple, déterminer avec exactitude le pourcentage de chacune des radiations absorbées par les organes chlorophylliens, le transfert de l'énergie de ces radiations à des substances intermédiaires de durée brève, la nature exacte de ces substances, celles qui se forment à la lumière seulement, et celles qui peuvent se former à l'obscurité, le rendement énergétique réel de la réaction, etc... Dans ce cas on doit utiliser des sources lumineuses rigoureusement monochromatiques, des spectrophotomètres de précision, des méthodes d'analyse spéciales comme la chromatographie, ou les procédés électromagnétiques d'utilisation très récente, afin d'obtenir une analyse plus fine des phénomènes.

    Mais, dans tous ces cas, on fait toujours de la photobiologie, et les grands principes de base restent inchangés.

    Ainsi donc, les théories actuelles sur la structure intime des molécules et des atomes, et sur la nature des radiations, constituent un tout remarquablement cohérent. Sans doute ne correspondent-elles pas exactement à la réalité profonde de ces phénomènes extrêmement complexes (quelle théorie synthétique peut, au surplus, se flatter de le faire ?). Mais, cet ensemble de concepts permet de les saisir dans leurs grandes lignes, il suggère des expériences nouvelles, ouvre des perspectives séduisantes, et, tant par sa construction logique que par les résultats pratiques qu'il a permis d'obtenir, il se révèle digne du plus grand intérêt.

LA PHOTOLOGIE FORESTIÈRE

    Les considérations, assez générales, qui précèdent, font présumer que le rayonnement naturel, émis par le soleil et par le ciel, doit agir de multiples façons sur les végétaux, en général, et, spécialement sur les arbres, de toutes dimensions, dont la culture est le but essentiel que poursuivent les sylviculteurs.

On a fait allusion précédemment à la photosynthèse ; son rôle est extrêmement important puisque l'on admet, très généralement, que cette fonction, caractéristique des végétaux à chlorophylle, est à la base de la vie sur notre globe. Avec l'eau et les matières minérales dissoutes dans le sol, avec le gaz carbonique de l'air (où il existe dans une proportion moyenne très faible voisine de 0,03%), avec l'énergie prodiguée par le soleil, les végétaux " se construisent " eux-mêmes à partir de ces éléments très simples. On dit qu'ils sont autotrophes. Le tonnage qu'ils produisent, a été, d'une façon très approximative, évalué, pour l'ensemble de la terre, à 80/100 milliards de tonnes par an. Bien entendu, les arbres ne font pas exception à cette règle et le rayonnement, par son intensité, par sa composition et par sa durée aussi, conditionne étroitement leur croissance. La teneur en matières minérales du bois, extrait périodiquement de la forêt, est en général très faible (souvent moins de 1 % du poids sec); on peut donc dire, d'une façon un peu simplifiée, que les arbres sont faits d'eau, d'air et de lumière. On les considère, en écologie, comme de véritables " producteurs " de matières organiques.

Mais, sur ceux-ci se développent, en une sorte de parasitisme compliqué (ce terme étant entendu dans un sens large), des consommateurs d'ordre varié - les lignivores (de nombreux insectes) - les granivores (des oiseaux surtout) - les herbivores stricts qui consomment les pousses et les feuillages (des insectes et de nombreux mammifères) - des saprophytes aussi, qui se nourrissent des matières végétales mortes, souvent tombées au sol (une microflore et une microfaune variées et bien des champignons), etc... En outre, sur ces consommateurs de 1° ordre, vivent des populations de carnivores, des consommateurs de 2° ordre (oiseaux pour les insectes, prédateurs ailés ou terrestres pour les herbivores, l'homme aussi qui, sylviculteur, mycologue ou chasseur, intervient dans ce cycle complexe).

Le milieu forestier est caractérisé par la concurrence, dans le sol et dans l'air, entre les divers hôtes qui habitent cet ensemble. Du point de vue strictement sylvicole, on est obligé de considérer, en particulier, la forte réduction du rayonnement naturel reçu au niveau inférieur des forêts. Or, là, prennent naissance, principalement par voie de semences, de très nombreux jeunes arbres qui ne peuvent se développer favorablement que si le sylviculteur leur vient en aide. Dès le milieu du 16e siècle, on trouve des textes qui mentionnent, d'une façon précise, quelles étaient alors les préoccupations des forestiers de cette époque. En 1548, Louis Petit, " Maistre des Eaux et Forêts du Val de Sainct Dizier ", prescrivait, par exemple, " de ne pas laisser les chênes et les hêtres de telle sorte que l'un ne fasse trop d'umbraige à l'autre et au nouveau rejet ". Au 19e siècle, les sylviculteurs classaient les espèces suivant qu'elles réclamaient, très tôt, beaucoup de lumière (comme les chênes, rouvre et pédonculé, ou les pins, sylvestre, noir d'Autriche ou maritime, qui étaient considérés comme des " essences de lumière ") - ou bien qu'elles supportaient, assez longtemps, un abri assez dense (c'était le cas des sapins pectinés, ou bien des hêtres, dénommés " essences d'ombre "). Mais ils n'étaient guère allés plus loin, et ne s'étaient que très peu occupés de chiffrer les exigences de ces diverses espèces.

Du reste, ils ont été longtemps gênés par l'opinion de certains botanistes qui, avec les motifs les plus sérieux, et en se basant sur des expériences indiscutables, professaient " que la lumière ralentissait la croissance ". Les jeunes chênes, ou les jeunes hêtres, nés en lisière des peuplements forestiers, se courbent nettement vers la lumière (héliotropisme ou phototropisme). Si l'on tente de les maintenir verticaux par des tuteurs attachés à leurs tiges, cette influence phototropique est tellement forte qu'elle courbe, ou même qu'elle brise lesdits tuteurs. Cette lumière unilatérale, qui freine la croissance de certains arbres, n'intervient-elle pas quand elle est également répartie pour ralentir l'élongation ? Comment concilier ce besoin indéniable de l'ombre, qui caractérise plusieurs espèces ligneuses, si l'on considère leur croissance en longueur, par exemple, avec les exigences en lumière résultant des considérations sur le rôle utile du rayonnement naturel dans la nutrition ? Que réclament, en définitive en cette matière, les diverses sortes d'arbres forestiers ?

Mais le rayonnement naturel n'apporte pas seulement la lumière ; il s'accompagne aussi de chaleur. Or, si l'élévation modérée de la température favorise certainement l'accomplissement de diverses fonctions physiologiques des arbres (comme la photosynthèse, ou bien la croissance), elle peut, dès qu'elle dépasse un optimum, variable avec les espèces, venir freiner la nutrition en accélérant le phénomène de la respiration, qui réutilise, souvent d'une manière importante, les matières élaborées par la photosynthèse. Trop élevée, elle dessèche les feuillages, dont les stomates se ferment, stoppant tous les échanges gazeux indispensables à la vie de l'arbre; elle peut même brûler les jeunes tiges et ainsi les détruire d'une façon définitive. Au niveau du sol, elle dessèche les couches superficielles, accentuant le déséquilibre hydrique, et diminue l'état hygrométrique de l'air. On conçoit combien il est difficile de déterminer, à priori, la résultante de ces diverses actions, positives ou négatives. Et ce n'est pas tout : assez récemment, on a mis en évidence un type de phénomène nouveau, " l'induction photopériodique ". Suivant la longueur des jours et des nuits, variant avec les latitudes et les époques de l'année, certaines espèces ligneuses manifestent des réactions profondes, affectant leur germination, leur croissance, leur floraison et leur fructification notamment et dont les effets peuvent se superposer et interférer avec ceux, déjà fort compliqués, décrits plus haut.

La croissance de l'arbre, constatée pratiquement par les sylviculteurs, est donc conditionnée par le rayonnement naturel d'une façon extrêmement complexe et, en admettant que chacun des effets physiologiques partiels décrits ait pu être caractérisé avec une grande précision, une programmation et un recours à un ordinateur seraient les seules solutions actuellement envisageables pour obtenir des indications globales de valeur. Malheureusement, beaucoup de ces recherches sont loin d'être poussées assez avant. Seule, l'étude théorique de la photosynthèse est tentée de cette façon. Quant au cerveau humain, il est incapable de faire, à lui seul, une telle synthèse.

Fort heureusement il existe pour les chercheurs une autre possibilité : celle d'interroger les arbres eux-mêmes, et l'on verra, dans l'un des chapitres suivants, comment, avec des expériences relativement simples, on peut déceler, parmi les multiples effets du rayonnement naturel, quels sont, pratiquement, les plus importants comment il faut les faire entrer en ligne de compte en favorisant ceux qui sont les plus utiles, et en freinant ceux qui paraissent les plus nuisibles, de façon à obtenir une croissance rapide et équilibrée des diverses espèces ligneuses, caractérisant une production forestière abondante et de qualité.

Pour faciliter la lecture de ce petit ouvrage, on désignera la plupart du temps, les arbres dont il est fait mention par leurs noms usuels (en français).Pour permettre leur détermination exacte, voici, pour certains d'entre eux, la correspondance avec les noms scientifiques (en latin) :

ESPÈCES RÉSINEUSES

Cèdre (Atlas) = *Cedrus atlantica* (Manetti)
Douglas = *Pseudotsuga Menziesii* (Mirb.)
Epicéa commun = *Picea abies* (L.) ou *Picea excelsa* (Link.)
Epicéa omorica = *Picea omorica* (Pancic)

Epicéa de Sitka = *Picea sitchensis* (Bong.)
Mélèze d'Europe = *Larix decidua* (Miller)
Mélèze du Japon = *Larix leptolepis* (Sieb.)
Pin arolle ou cembro = *Pinus cembra* (L.)
Pin à crochets = *Pinus uncinata* (Ramon in D.C.)
Pin laricio = *Pinus nigra* sp *Laricio* (Poirier)
Pin maritime = *Pinus pinaster* (Ait.)
Pin noir d'Autriche = *Pinus nigra* sp *Nigricans* (Host)
Pin rouge = *Pinus resinosa* (Ait.)
Pin Weymouth = *Pinus strobus* (L.)
Sapin de Céphalonie = *Abies cephalonica* (Loud)
Sapin de Nordmann = *Abies nordmanniana* (Spach)
Sapin pectiné = *Abies pectinata* ou *Abies alba* (Miller)
Sapin de Vancouver = *Abies grandis* (Dougl.)
Séquoia géant = *Séquoiadendron giganteum* (Lindl.)
Tsuga hétérophylle = *Tsuga heterophylla* (Raf.)

ESPÈCES FEUILLUES

Bouleau verruqueux = *Betula verucosa* (Ehrh.)
Charme commun = *Carpinus betula* (L.)
Chêne pédonculé = *Quercus pedunculata* (Ehrh.)
Chêne pubescent = *Quercus lanuginosa* (Thuill.)
Chêne rouge d'Amérique = *Quercus borealis* (Michx.)
Chêne rouvre = *Quercus sessiliflora* (Sm.)
Chêne vert = *Quercus ilex* (L.)
Erable sycomore = *Acer pseudoplatanus* (L.)
Erable à sucre = *Acer saccharum* (Marsh.)
Frêne commun = *Fraxinus excelsior* (L.)
Hêtre commun = *Fagus silvatica* (L.)
Peuplier euraméricain = *Populus euramericana* (Dode)
Peuplier tremble = *Populus tremula* (L.)
Sycomore américain = *Platanus occidentalis* (L.)

Une étude photologique complète du milieu forestier devrait, normalement, s'étendre à la recherche de l'influence du rayonnement naturel, sur les espèces animales que l'on y rencontre habituellement. Il faut remarquer, d'abord, que cette influence est moins marquée chez les animaux que chez les végétaux, plus étroitement liés au microclimat de leur station. On a beaucoup étudié les phénomènes de la vision, chez diverses espèces animales, des mammifères aux mollusques et aux insectes. L'influence du régime photopériodique sur la reproduction a été l'objet d'expériences diverses : insectes (MARCOVITCH-1924, LEES-1959), oiseaux (ROWAN-1925) certains mammifères (BISONETTE-1932). Des recherches concernant l'influence des rayons ultraviolets (destruction des cellules, mutations génétiques) ont aussi été effectuées. On pourra consulter sur ces questions A. GIESE (1964) et Y. LE GRAND (1967) - (Voir la Bibliographie finale).

CHAPITRE II

ÉTUDE PHYSIQUE DU RAYONNEMENT NATUREL

LES APPAREILS

Les appareils utilisés pour mesurer l'intensité du rayonnement naturel tout entier, ou bien de sa seule partie visible, appartiennent à des types très nombreux, et leur classification peut être envisagée de diverses façons. Une méthode utilisée fréquemment consiste à distinguer les récepteurs thermiques et les récepteurs quantiques. On verra que cette méthode est un peu trop restrictive, et que d'autres moyens peuvent être envisagés, en photologie forestière notamment. D'un autre côté, les exigences spéciales à cette discipline conduisent à rechercher, à côté des appareils classiques utilisés en météorologie, des instruments d'un maniement facile, peu encombrants, pas trop coûteux (on doit souvent en faire fonctionner un certain nombre en même temps), robustes (car ils sont destinés à demeurer plus ou moins longtemps en pleine nature), de préférence autonomes (ils sont parfois installés très loin de tout lieu habité), et, évidemment, aussi précis et aussi sensibles que possible. Toutes ces qualités sont, on le conçoit, assez difficiles à concilier dans la pratique.

On se bornera, dans les lignes qui suivent, à énumérer et à décrire sommairement quels appareils sont utilisés, soit par les stations de recherches forestières, soit par les sylviculteurs et par les écologistes de terrain. Aucun d'eux n'est, évidemment, exempt de tout reproche. Mais les renseignements chiffrés qu'ils fournissent constituent un élément d'une valeur incontestablement supérieure aux simples appréciations subjectives et purement qualitatives qui ont été, jusqu'ici, la règle en cette matière complexe.

Les appareils sensibles à une large gamme de longueurs d'ondes étaient appelés autrefois " actinomètres ". Mais, suivant la nomenclature admise actuellement, on distingue (PERRIN DE BRICHAMBAUT - 1963) :

- Les pyranomètres qui mesurent les rayonnements provenant du soleil et du ciel, de courte longueur d'onde (0,2 à 4µ).
- Les pyrgéomètres qui mesurent le rayonnement provenant de la terre, de grande longueur d'onde (4 à 80µ).
- Les pyrradiomètres qui mesurent le rayonnement total, provenant du soleil, du ciel, de l'atmosphère et de la terre (de 0,2 à 100µ environ).

Il existe des appareils plus compliqués, comme les pyrradiobilanmètres, qui font la balance entre l'énergie totale incidente et l'énergie totale de retour.

Les récepteurs thermiques

Dans ce genre d'appareil, le rayonnement global (provenant du soleil et du ciel) est converti en chaleur ; cette chaleur produit un effet déterminé, suivant la nature de l'appareil utilisé, et la mesure de cet effet permet de remonter au facteur dont l'on cherche à mesurer l'intensité : en l'espèce, le rayonnement solaire.

Les appareils à distillation - Ces appareils ont une valeur parfois discutée en météorologie classique. La raison en est simple : beaucoup d'entre eux ont un organe récepteur sphérique, et ils sont sensibles aux rayons venant de toutes les directions. Or, en météorologie, on a adopté la règle de mesurer le rayonnement reçu *sur une surface horizontale*. La hauteur du soleil au-dessus de l'horizon a donc un effet différent, dans l'un et l'autre cas. En effet, l'intensité du rayonnement reçu sur une surface horizontale (i) s'exprime, en fonction du rayonnement reçu sur une surface normale à la direction principale de celui-ci (I), et de la hauteur du soleil au-dessus de l'horizon (h), par la relation classique :

$$i = I \sin h$$

Il est à noter que certains chercheurs, pour tourner cette difficulté, ont proposé d'adopter un coefficient d'équivalence (indications de l'appareil sphérique / intensité du rayonnement sur une surface horizontale) variant légèrement avec le mois d'observation (GESLIN & GODARD - 1940). Par exemple, selon ces auteurs, 1 cm3 d'alcool distillé dans un appareil sphérique (le Bellani) représenterait, en janvier : 15,9 cal/cm^2 sur une surface horizontale, en février : 16,65, en mars : 16,8, en avril : 17,9, en mai : 18,6, en juin : 18,05, en juillet : 17,7, en août : 16,83, en septembre : 16, en octobre : 15,35, en novembre : 15,9 et en décembre : 14.

Par ailleurs, les biométéorologistes, les bioclimatologistes, font remarquer que les êtres vivants occupent dans l'espace 3 dimensions, et qu'un végétal, un animal ou un homme, situé dans le milieu naturel, est, lui aussi, soumis à des rayons venant de toutes les directions. En somme, ils soutiennent que la règle des météorologistes ne serait valable que pour des organismes à 2 dimensions (les larves " extra plates imaginées par Sir JAMES JEAN, par exemple), que l'on ne rencontre pratiquement pas dans la nature.

Le plus répandu de ces appareils est le pyranomètre sphérique de Bellani. Il est utilisé actuellement en photologie forestière, dans de nombreuses régions du globe (France, Suisse, Allemagne de l'Est, Tchécoslovaquie, Belgique, Canada, ainsi que dans certains pays du Commonwealth britannique). Son inventeur, le chanoine italien Angelo BELLANI (1776-1852), l'avait conçu primitivement comme un thermomètre totalisateur (il s'agissait d'une sorte de thermomètre inversé, comprenant un réservoir sphérique, à sa partie supérieure, dans lequel la chaleur provoquait une distillation d'un liquide volatil, lequel s'accumulait dans un long tube gradué inférieur). Amélioré par CANTONI (1887), il reçut le nom de " lucimètre ". HENRY, de 1921 à 1926, le perfectionna en montrant que si l'on ajoutait une seconde enveloppe sphérique, autour de la première, et en isolant la partie intermédiaire par un vide très poussé, on obtenait un appareil totalisateur de rayonnement, aussi satisfaisant que des actinomètres plus perfectionnés, comme celui de KIMBALL, ou celui de GORCZYNSKI par exemple. À l'observatoire de Météorologie Physique de

Davos, dirigé par le Pr MÖRIKOFER, savant réputé, PROHASKA, en 1947, vérifia qu'il donnait des indications précises (± 5 %), sous la réserve que la distillation ne soit pas poussée sur plus des 2/3, du tube gradué (20 cm3 sur 30 à 32 cm3 au total). Enfin, en 1954, COURVOISIER & WIERZEJEWSKI mirent au point le pyranomètre sphérique de BELLANI-DAVOS (P.B.K.) pouvant atteindre une précision de ± 3 %. Le liquide utilisé était l'alcool. C'est cet appareil qui semble le plus largement utilisé actuellement en photologie forestière. (Fig. 3).

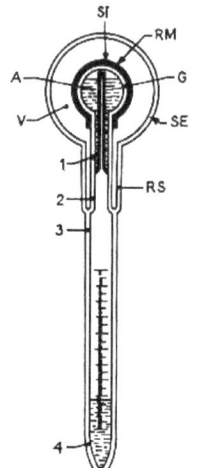

FIG. 3 : **Pyranomètre sphérique de BELLANI-DAVOS.**
SE = sphère extérieure
SI = sphère intérieure
RM = revêtement métallique
G = globe de verre
A = alcool
V = vide poussé
RS = renforcement support
1) tube de
2) verre
3) gradué (longueur
4) réduite sur le dessin).

Simultanément, en Grande-Bretagne, GUNN, KIRK, WATERHOUSE, PEREIRA, MONTEITH et SIECZ (de 1945 à 1960) construisaient le " GUN-BELLANI-RADIATION- INTEGRATOR " dont le principe est analogue, mais qui peut fonctionner, soit à l'eau distillée (régions chaudes), soit à l'alcool propylique (régions plus froides). Son fonctionnement a été comparé à celui de la thermopile de KIPP, et les résultats ont été très satisfaisants.

En tous cas, le fait que le Bellani soit autonome et totalisateur (tout au moins pendant une journée, en plein découvert et en été - et pendant 8 à 15 jours dans le milieu forestier), le rendent très précieux pour les mesures de rayonnement solaire et céleste et son prix relativement modique devrait en généraliser l'emploi en sylviculture et en écologie. Ceci, sous l'importante réserve que l'on ne devra pas s'attacher à en obtenir des données *absolues* sur l'intensité du rayonnement naturel (pour les raisons signalées plus haut), mais plutôt des *rapports* entre le rayonnement reçu dans le sous-bois et en plein découvert. Il a été utilisé notamment, par OUDIN (1932), AUBREVILLE (1937), ROUSSEL (1952-1965), PLAISANCE (1955), VEZINA (1960), KRECMER (1961), VOJT (1965), GALOUX (1967), ainsi que par de nombreux autres chercheurs.

Les appareils à dilatation - Dans ce type d'appareil, la chaleur dilate, soit un gaz (type mis au point par GOLAY), soit une lame métallique noircie (pour absorber la chaleur), comme dans le " Strahlungs-Messgeräte de ROBITZSCH (étudié de 1928 à 1951). Le récepteur, à surface horizontale, comprend donc une lame métallique noircie, placée entre deux lames métalliques analogues, mais blanchies. Le rayonnement solaire, converti en chaleur, provoque un allongement différent de ces deux sortes de lames, et cette différence, amplifiée, est inscrite, par un stylet, sur un tambour rotatif. L'autonomie est de 4 à 7 jours, mais la précision, sous-bois et par temps couvert, est peu satisfaisante. Son inertie, également, est assez grande. Cet appareil a été utilisé en Allemagne, pour des recherches de photologie forestière.

Les appareils utilisant l'effet de thermocouple - L'effet thermoélectrique, c'est-à-dire l'apparition d'un courant électrique dans un système constitué par 2 conducteurs de nature différente (cuivre et constantan - ou manganine et constantan, ou bien bismuth pur et bismuth + 5 % d'étain), soudés ensemble, quand l'une des soudures est à une température différente de celle de l'autre, est très largement utilisé pour la mesure du rayonnement naturel. On peut même affirmer que beaucoup des pyranomètres, en service actuellement, sont de ce type (modèles de KIPP-EPPLEY-VOLOCHINE-LINKE notamment). Ces appareils sont à surface réceptrice horizontale, et ils reçoivent donc, sur ce point, l'agrément de la plupart des spécialistes de la météorologie.

Ils peuvent être à lecture instantanée, mais, la plupart du temps, ils sont couplés à des enregistreurs continus, lesquels nécessitent la fourniture d'un courant électrique auxiliaire d'alimentation. Leur autonomie est donc pratiquement réduite à des stations situées au voisinage d'un laboratoire de mesure, alimenté en courant électrique.

En Amérique, GAST (l 930) et SHIRLEY (l 932), deux précurseurs en matière de photologie forestière, ont employé des thermocouples pour des mesures de rayonnement, soit instantanées, soit continues. Leur sensibilité va de 0,29 à 2,5µ environ, ce qui est suffisant dans la pratique.

En Autriche, la station de recherches forestières située au voisinage d'Insbruck, utilise depuis une vingtaine d'années, le " Sternpyranometer " imaginé par LINKE (1934), utilisant le couple : cuivre / constantan. Les éléments sont disposés en étoile, sur une surface plane, ce qui lui donne un aspect caractéristique et explique sa dénomination. Sa force électromotrice est de 2,5 millivolts pour une intensité du rayonnement de une calorie par centimètre carré par minute. La précision de cet appareil, décrit récemment par DIRMHIRN à Vienne, est évidemment très satisfaisante. (Fig. 4).

FIG. 4 - Pyranomètre en étoile - type LINKE (sans le dispositif d'enregistrement)
(Photo Météorologie Nationale).

En Allemagne, BAUMGARTNER (1956), ayant entrepris une série d'études très complètes sur la répartition verticale du rayonnement naturel dans une jeune plantation d'épicéa, a utilisé un appareil de ce genre (couple : nickel chrome / constantan) mis au point à Munich par HOFMAN (1952) et amélioré par POHL (1954).

En Belgique, GALOUX (1967), décrivant les installations très complètes qu'il a réalisées dans la forêt de Virelles-Blaimont, signale qu'il utilise, parallèlement aux pyranomètres de Bellani- Davos, déjà décrits, des piles thermoélectriques de MOLL-GORZYNSKI, soit pour la seule mesure du rayonnement incident à un niveau déterminé du peuplement, soit pour la détermination du bilan de rayonnement (2 appareils opposés dont la sensibilité est portée à un intervalle de longueurs d'onde de 0,3 à 60 ~). Il s'agit d'un montage en pyrradiobilanmètre, décrit plus haut.

En somme, il s'agit là d'un type d'appareil très satisfaisant, dont le principe de fonctionnement est admis par les météorologistes, mais qui ne peut fonctionner qu'à proximité d'un laboratoire alimenté en courant électrique, auquel il est relié pendant toute la durée des observations. Ce qui localise, évidemment, ses possibilités d'emploi.

Les appareils à résistance électrique - Ils sont appelés, d'une façon générale, " bolomètres ". Un fil métallique, de nickel, de platine, de bismuth, ou, plus récemment, d'un corps semi- conducteur, absorbant un rayonnement, même de très faible intensité, s'échauffe, et voit alors sa résistance modifiée. Cet élément est introduit dans un montage électrique classique : le pont de WHEASTONE, et son échauffement déséquilibre le système qui doit être rééquilibré. Tel est le principe du fonctionnement de ce type d'appareil, extrêmement sensible (on peut mesurer le rayonnement émis par une étoile très éloignée). Il a été très peu utilisé, jusqu'à ce jour, en photologie forestière, car son coût est élevé, et son emploi délicat.

Les appareils du type thermomètre - Cet appareil, déjà ancien (ARAGO-VIOLLE), basé sur la différence de température observée entre deux thermomètres, l'un blanc et l'autre noir, ne semble guère avoir été employé en forêt.

Les récepteurs quantiques

On désigne sous ce nom des récepteurs dans lesquels la nature corpusculaire du rayonnement visible joue un rôle prépondérant. Les photons, d'une façon un peu analogue à celle exposée ci-dessus sur l'effet photochimique, libèrent des électrons, d'où une manifestation électrique.

Le rayonnement est converti directement en courant électrique, que l'on sait, actuellement, très bien mesurer. La gamme d'ondes enregistrée est en général assez réduite (de 0,3 à 0,7 ou 0,8µ), et correspond, approximativement, aux limites de sensibilité de l'œil humain. Les récepteurs quantiques se classent en 2 grands groupes (TERRIEN - 1954) :

Les tubes photoélectriques - Dans ces appareils, les électrons sont chassés hors de la matière, et, circulant au travers d'une ampoule remplie d'un gaz raréfié, dans laquelle règne une différence permanente de potentiel électrique, se rassemblent à l'électrode positive. Leur flux constitue un courant électrique que l'on mesure.

Ce genre d'appareil, coûteux et d'un maniement délicat, nécessitant en outre une source accessoire de courant électrique, a été employé assez rarement en photologie forestière. On citera cependant ALEXEYEV (1963), en U.R.S.S., qui s'en est servi pour l'analyse spectrale de la lumière sylvestre, grâce à un " spectrophotomètre champêtre " mis au point par KOTZOV & SEMETCHENKO (1960). On mentionnera aussi le " spectroradiomètre - fluxmètre de photons " d'ECKARDT, METHY & SAUVERON (1969), employé par l'Ecole de Montpellier, pour l'étude, très poussée, de l'absorption des diverses radiations par le couvert forestier. Cet appareil est, du reste, assez encombrant (il est monté sur des rails) et il est réservé aux mesures, actuellement en plein développement, effectuées dans le cadre des études d'écologie végétale.

Les cellules photoélectriques proprement dites - Leur emploi est très fréquent en forêt, chaque fois que l'on désire mesurer l'intensité d'un rayonnement visible, car elles sont très pratiques.

LES CELLULES PHOTORÉSISTANTES - Certains corps, les semi-conducteurs, soumis à un éclairement de faible intensité, voient leur résistance électrique diminuer et permettent donc, s'ils sont reliés à un générateur quelconque, le passage d'un courant électrique d'intensité variable. Le sélénium est le premier métal sur lequel cet effet a été constaté (1873). Mais son emploi était peu pratique, et des recherches ultérieures ont permis de mettre au point des cellules au sulfure de plomb, puis au sulfure de cadmium, employées dans les photomètres précis (type Métrastar), dont la sensibilité peut s'étendre très loin dans l'infrarouge proche. Il est à noter que ces cellules nécessitent une source accessoire de courant électrique (pile, secteur). Elles peuvent être complétées par un dispositif enregistreur ou totalisateur.

LES CELLULES PHOTOÉMISSIVES OU PHOTOPILES - Ce sont de beaucoup les cellules les plus employées actuellement, en sylviculture, ou en écologie. La lumière, tombant sur un ensemble constitué d'une couche métallique très mince, semi-transparente, surmontant une couche d'un semi-conducteur (sélénium, ou silicium), placée elle-même sur un disque de métal conducteur, provoque la formation d'un courant électrique, que l'on peut mesurer facilement, et ce directement, grâce à un milliampèremètre, par exemple. Ceci, sans aucune source accessoire de courant électrique, d'une façon simple et très séduisante. Ce sont des appareils portatifs, à lecture instantanée, mais que l'on peut aussi, si l'on dispose d'une source accessoire de courant électrique, combiner avec des dispositifs totalisateurs ou enregistreurs.

La force électromotrice fournie par des cellules couramment répandues, est de 0,3 à 0,4 volts, au soleil, pour celles au sélénium (du type luxmètre), et de 0,6 à 0,85 volts, au soleil, pour celles au sélénium / silicium (du type batteries solaires des satellites artificiels). Par temps couvert, la force électromotrice tombe à moins de 0,1 volt. Il est à noter que la théorie exacte du fonctionnement des photopiles, très complexe, est loin d'être complètement établie.

Pour l'emploi de ces appareils, en photométrie usuelle, on utilise souvent des filtres correcteurs qui ramènent la sensibilité de la cellule, à celle, peu différente, de l'œil humain (TARDIEU - 1951). Le luxmètre L.A.P, utilisant une cellule L.M.T, a été étudié de ce point de vue.

Pour leur emploi en physiologie végétale, en sylviculture ou en écologie, on peut, par analogie, les munir d'autres filtres (K.W. n° 34 ROUSSEL - 1953) qui modifient leur sensibilité et la rapprochent de celle de la feuille chargée de chlorophylle (Fig. 5). Bien entendu, à ce moment, la graduation classique en lux ne correspond plus à grand-chose, et l'on ne peut envisager que des indications comparatives (Eclairement relatif " photosynthétique «).

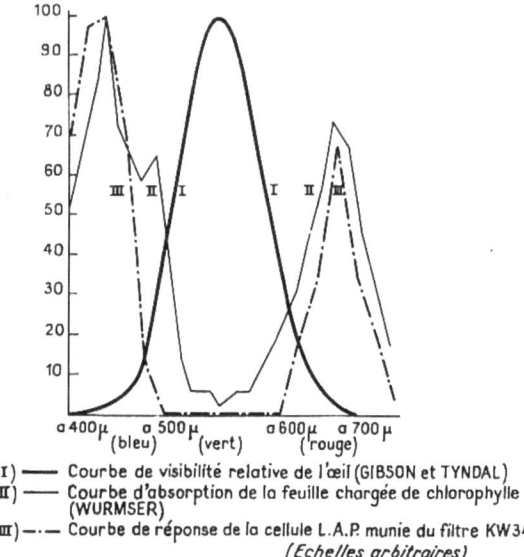

FIG. 5 - **Intérêt du filtre K.W. 34 en photologie forestière** (cellule photoélectrique L.M.T. sur luxmètre L.A.P.) (**ROUSSEL** 1953).

Les chercheurs autrichiens ont également, en partant de la même remarque, mis au point un filtre à réseaux, qui jouit des mêmes propriétés que le filtre K.W. n° 34 (DIRMHIRN). En U.R.S.S, on considère souvent, en sylviculture ou en écologie, les groupes des Phi A P (rayons photosynthétiquement actifs), définis de la façon indiquée ci-dessus.

Cependant, la littérature photologique, très riche en données fournies par les photopiles (surtout exprimées sous forme d'éclairement relatif), ne mentionne, à peu près exclusivement, que des cellules habituelles, munies fréquemment de filtres gris neutres, mais sans correction.

Pour ne citer que quelques-uns des premiers chercheurs forestiers qui ont employé cette méthode, on peut mentionner RAMANN (1911) - LUNDEGARDH (1930) - QUANTIN (1935) - NAEGELI (1940) - ROUSSEL (1946) - PLAISANCE (1955), notamment. FAIRBAIRN (1958) a mis au point un procédé original de totalisation des indications de la cellule photoélectrique, par électrolyse d'une solution de nitrate d'argent, en collaboration avec CONNOR.

Au Canada, LOGAN & PETERSON (1964) ont proposé des méthodes statistiques permettant d'utiliser les résultats de très nombreuses mesures instantanées, pour caractériser l'éclairement relatif moyen qui règne sous un couvert déterminé.

Actuellement, l'emploi des photopiles est tellement répandu qu'il semble impossible de dénombrer les chercheurs qui l'utilisent.

Les autres types de récepteurs

Il convient de réserver, d'abord, une place spéciale aux appareils destinés à mesurer la *durée* de présence du soleil, pendant les différentes périodes de l'année. Il s'agit des héliographes, sortes de chambres noires dans lesquelles l'image du soleil s'inscrit, directement, sur un papier photographique lent (type JORDAN OU PERS), ou bien, brûle ou décolore un papier spécial (type CAMPBELL). Certains auteurs ont proposé des formules simples permettant de déduire, de la durée de présence du soleil dans une station déterminée, la valeur de l'intensité du rayonnement global reçu dans cette station (ANGSTRÖM - BRAZIER).
Leur emploi ne semble pas fréquent en photologie forestière.

Mais, dans beaucoup de procédés non encore décrits, c'est *l'œil humain* qui sert d'instrument, non pas pour lire les indications de tel ou tel appareil, mais pour apprécier, surtout l'égalité, de 2 teintes ou de 2 plages lumineuses. Car l'œil, s'il est un excellent instrument d'optique, est, par contre, un photomètre détestable, quand il s'agit de mesurer l'intensité d'un éclairement, s'il ne possède aucune possibilité de comparaison. Ceci, en raison de sa constitution même, des diverses sensibilités des zones de sa rétine, et des variations rapides et inconscientes du diamètre de sa pupille (de 4,5 mm, sous 1 lux, à 2,4 mm sous 400 lux, selon LOWENSTEIN & WESTPHAL). Sa tolérance est extrêmement grande puisqu'il perçoit, sans pouvoir malheureusement les chiffrer, des éclairements qui s'étendent de 1/3000 de lux, par ciel nocturne sans lune, à 100 000 lux, et même plus, en plein soleil, en été, vers midi.

Cependant, l'œil est utilisé comme instrument dans certains des procédés indirects qui vont être décrits :

Le papier photographique et les méthodes photochimiques - Dans ces procédés, l'œil apprécie le degré de noircissement obtenu sur un papier photographique lent, exposé, pendant un temps déterminé, à la lumière naturelle, sous bois et en plein découvert - ou bien le temps, variable avec l'éclairement des diverses stations, mis par ce papier photographique pour revêtir une teinte standard. Il semble que ce soit HARTIG (1877), un Allemand, qui, le premier, ait eu l'idée d'utiliser ce procédé en photologie forestière. Mais C'est surtout l'Autrichien WIESNER qui, dès 1890, effectua en forêt de très nombreuses mesures, et dont il publia les résultats les plus importants en 1907. Cet auteur avait même tenté de déterminer le changement de composition spectrale de la lumière des sous-bois, en utilisant des papiers de sensibilité différente (le " Rodamin B Papier " sensible plutôt au jaune-rouge, et le " Normal Papier " réagissant au bleu-violet). On considère généralement JULIUS WIESNER comme le père de la photologie forestière. CIESLAR (1904) est également cité comme un précurseur en ce domaine. LUNDEGARDH (1930), LÉMÉE (1937) ont également employé cette méthode, qui, en raison du développement de procédés plus perfectionnés, est actuellement à peu près abandonnée. Le procédé photographique est évidemment limité par la sensibilité, assez étroite, des émulsions habituelles, et par la difficulté d'apprécier avec exactitude le degré de noircissement du papier. Il nécessite également la présence constante et vigilante de l'observateur.

Un procédé photochimique un peu différent a été étudié et appliqué en Grande-

Bretagne (LEYTON - 1950) : des ampoules de verre, contenant un mélange de solutions d'oxalate d'uranium et d'acide oxalique sont placées dans différentes stations. La réaction photochimique subie par ce liquide entraîne un changement dans sa couleur et l'appréciation, délicate, de celle- ci, au bout d'une période de temps déterminée, permet de chiffrer, d'une façon approximative, la quantité de lumière qu'elles ont reçue. Parfois employé, quand on n'a pas besoin d'une grande précision, ce procédé est totalisateur.

À signaler aussi les essais effectués aux U.S.A. par BRECHTEL (1967) ; le dosage du rayonnement naturel reçu dans une station est évalué d'après la modification du pouvoir de polarisation rotatoire d'une solution de sucres divers, exposée à ce rayonnement. Le dispositif même d'enregistrement est très peu coûteux (2 flacons, l'un blanc et l'autre noir, renfermant une solution de sucres) ; mais les résultats sont assez délicats à interpréter.

Le photomètre à source lumineuse constante - Ce type d'appareil est, probablement, le plus anciennement utilisé en photométrie. Il est basé sur le fait que l'œil humain, incapable, on l'a dit, de chiffrer des intensités lumineuses, peut, par contre, très bien apprécier l'égalité de 2 plages lumineuses (dont l'une est obtenue grâce à une lampe étalon). BOUGUER, dès l'année 1729, avait mis au point un tel photomètre dont le principe général a été conservé, et dont un modèle, très moderne, est proposé actuellement par JOBIN & YVON (le " nitomètre-luxmètre "). Ce genre d'appareil, à lecture instantanée, doit être pourvu d'une source d'alimentation spéciale en courant électrique, qui alimente une lampe de référence. Il est extrêmement précis.

Il a été très peu employé en photologie forestière. Cependant, il convient de souligner l'utilisation très intéressante qui en a été faite en Suisse, dès l'année 1914, par KNUCHEL. L'appareil, construit par SCHWEITZER, fût utilisé dans des forêts des environs de Zurich. Il était lourd (30 kg), alimenté par des accumulateurs, et devait être transporté rapidement, en général par temps clair ensoleillé, du plein découvert à la station étudiée. 5 longueurs d'ondes étaient retenues : rouge (0,652μ) - jaune (0,589μ) - vert (0,520μ) - bleu (0,472μ) - indigo (0,440μ). Dans chaque station, la proportion de chacune de ces couleurs était déterminée, dans un cône d'observation vertical de faible ouverture (12°). Son maniement était long et délicat. Cependant, grâce à cet appareillage complexe, KNUCHEL a pu établir certaines données, certaines relations qui n'ont pas été démenties par les recherches, bien plus perfectionnées, qui ont été effectuées récemment sur cet aspect du problème photologique.

Les appareils donnant directement l'image du couvert - Quand l'on se trouve en forêt, il suffit de lever la tête pour se rendre compte que le couvert est constitué par une série de plages lumineuses, alternant avec des plages sombres. Sous les arbres résineux, en général, la distinction de ces deux sortes de plages est très nette. Sous les couverts feuillus, par contre, surtout s'ils sont légers, on peut percevoir d'autres plages de luminosité intermédiaire. Cependant, en utilisant des papiers photographiques très contrastés, on peut obtenir, avec des objectifs normaux, ou mieux hémisphériques, des images planes assez nettes de ces divers couverts. On détermine ainsi le degré de transparence, en faisant le rapport entre la surface des plages lumineuses, et la surface totale couverte par l'objectif utilisé. Ce procédé est très rapide (le temps de prendre une photographie) mais, évidemment, d'une interprétation photologique exacte assez difficile. Il a été utilisé jusqu'à présent, par des chercheurs anglais ou américains (EVANS & COOMBE - 1959, BROWN - 1962, ANDERSON - 1964,MADGWICK & BRUMFIELD - 1969), dans les forêts tropicales surtout, par exemple, où l'on n'a guère la possibilité d'installer à demeure des appareils totalisateurs ou enregistreurs classiques.

Une autre méthode à rapprocher de la précédente est celle utilisée en Pologne, et dans certains pays de l'Est européen, par MATUSZ (1960), grâce à un appareil original dénommé " azurometru ". Une glace, légèrement convexe, portée par un trépied, est surmontée d'une coupole hémisphérique perforée de nombreux petits orifices. Placé dans une station forestière, cet appareil donne à l'observateur une image du couvert, superposée à celle de la coupole hémisphérique perforée. En comptant le nombre total des petites plages lumineuses existant sur l'image, on en déduit, approximativement, le " degré de transparence du couvert". En quelques minutes de stationnement, on peut ainsi déterminer un élément qui donne, incontestablement, une idée assez approchée du rayonnement, ou de l'éclairement relatif qui règne dans la station où l'on a opéré.

En conclusion de cette étude, on peut relever l'extrême diversité des appareils récemment ou actuellement utilisés en photologie forestière. Cette discipline étant très nouvelle, on rencontre une variété considérable d'instruments, ou de procédés, plus ou moins satisfaisants, alors qu'en météorologie classique, les types d'appareils admis sont certainement moins nombreux. Il serait désirable que l'Union des Stations de Recherches Forestières, par exemple, préconise un nombre réduit de méthodes, et l'emploi de certains

FIG. 6 - Types d'appareils d'un emploi courant en photologie forestière.
En haut : Mesure de l'ensemble des radiations solaires ; pyranomètres sphériques, de BELLANI-DAVOS installés pour l'étalonnage.
En bas : Mesure des seules radiations visibles : luxmètre L.A.P. à cellule photoélectrique

appareils, reconnus comme les plus pratiques, afin de permettre une meilleure comparaison des résultats publiés.

Il semble cependant se dégager de la littérature forestière mondiale, que l'on emploie beaucoup actuellement :

1° Dans les stations complètement équipées et alimentées en courant électrique, les pyranomètres du type dit à thermocouple (comme le " Sternpyranometer" de LINKE, par exemple) (Fig. 4).

2° Dans les stations isolées, mais d'accès périodique facile, les pyranomètres à distillation, du type Bellani, sous réserve que l'appareil de référence, placé en plein découvert, soit situé à proximité d'un lieu habité (Fig. 6).

3° Dans les stations d'accès difficiles, ou bien dans celles où l'on n'a pas l'occasion de se rendre fréquemment, les luxmètres à photopile, qui ne fournissent que des indications instantanées, et dont l'emploi nécessite certaines précautions (Fig. 6).

On trouvera à la fin de cet ouvrage, des exemples de totalisateurs autonomes de lumière d'une réalisation peu coûteuse (Fig. 58, Fig. 59, Fig. 60).

LE RAYONNEMENT NATUREL EN PLEIN DÉCOUVERT

Il ne peut être question de passer en revue, ici, les multiples ouvrages qui traitent du rayonnement naturel, tel qu'il parvient, en provenance du soleil et du ciel, au niveau du sol, dans une station de plein découvert. De nombreux et éminents auteurs ont étudié ces questions, et publié les résultats de leurs observations. En France, d'excellentes mises au point ont été faites par MAURAIN (1937) et par PERRIN DE BRICHAMBAUT (1963) notamment. Les références exactes de ces ouvrages sont données dans la Bibliographie qui termine cette étude.

Il faut cependant apporter quelques précisions sur les caractères de ce rayonnement, car elles sont indispensables pour comprendre ce qui se passe quand il pénètre dans le milieu forestier.

Durée du jour et temps d'insolation

La durée du jour est, évidemment, déterminée par l'intervalle de temps qui sépare le lever et le coucher du soleil. Or, cet intervalle de temps dépend de la latitude du lieu envisagé, ainsi que du jour de l'année. Pour situer le problème, très sommairement, dans l'hémisphère nord, on a schématisé (Fig. 7) la durée du jour le plus long (solstice d'été) et du jour le plus court (solstice d'hiver) pour des latitudes allant de l'équateur au voisinage du cercle polaire. C'est la façon dont se présente, dans un lieu déterminé du globe, l'alternance, sans cesse variable, de la durée du jour et de la nuit qui constitue la caractéristique photopériodique de ce lieu, et dont l'influence sur la végétation sera exposée plus loin. On doit noter, du reste, qu'à côté du " jour astronomique " dont il vient d'être fait mention, on définit également un " jour civil ", un " jour nautique " de durées un peu différentes.

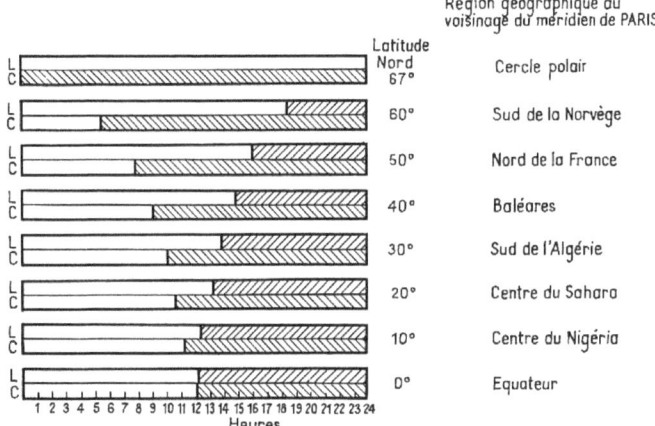

FIG. 7 - Variation de la durée du jour le plus long (L) et du jour le plus court (C), de l'Equateur au Cercle Polaire, au voisinage du méridien de Paris.

Mais cet élément (longueur du jour) ne donne qu'une idée très imparfaite de l'importance réelle du rayonnement. En effet, un jour long peut être nuageux, et un jour court bien ensoleillé. Il faut donc tenir compte, également, du nombre moyen d'heures d'ensoleillement, dans les diverses stations envisagées. Des mesures d'ensemble ont été effectuées, il y a quelques années, sur l'ensemble du globe terrestre, et les résultats en sont condensés dans le tableau ci-dessous qui reprend la classification retenue plus haut (Fig. 7) pour des lieux situés au voisinage du méridien de Paris.

Heures d'insolation (approximatif)

Latitude Nord	Janvier	Juillet	Totales
67°	0	50/100	1200
60°	50	100/150	1200/1400
50°	50/100	150/200	1600/1800
40°	100/150	350/400	2600/2800
30°	250/300	350/400	3600/3800
20°	300/350	250/300	3600/3800
10°	250/300	150/200	2200/2400
0°	200/250	150/200	1600/1800

On remarque immédiatement le nombre élevé d'heures d'insolation au Sahara et Afrique du Nord, par rapport à la moitié Nord de l'Europe, ce qui est bien connu, et par rapport aux régions équatoriales, ce qui l'est moins. En tous cas, on peut souligner le déficit, souvent important, du nombre d'heures d'insolation réelles, par rapport au nombre d'heures d'insolation possibles (4380).

Dans le Nord-Est de la France, le soleil ne brille que pendant 40 % du total des heures d'insolation possibles. Le reste du temps, le rayonnement naturel reçu au sol provient des surfaces nuageuses.

Intensité du rayonnement naturel global

Le rayonnement, naturel global est la somme du rayonnement solaire direct, lequel varie avec la hauteur du soleil au-dessus de l'horizon, et du rayonnement diffusé par le ciel, provenant de l'ensemble de l'hémisphère supérieur.

Il est important de connaître la proportion moyenne de ces deux sortes de rayonnement, et, pour s'en tenir à la moitié nord de l'Europe Occidentale, on peut citer les résultats suivants qui résultent d'observations de longue durée (plusieurs années) :

Sud de la Grande-Bretagne (Blackwell - 1954) Soleil = 48 %
                                                Ciel = 52 %
Centre de l'Autriche (Steinhauser - Eckel - Sauberer - 1955) Soleil = 51,5 %
                                                               Ciel = 48,5 %

Dans le Nord de la France, on peut donc admettre une égalité approximative entre ces deux sortes de rayonnement, solaire, et diffusé par le ciel.

Ces données sont un peu différentes de celles proposées par MAURAIN (1937), qui, pour la région parisienne, avançait une proportion de 60% pour le rayonnement solaire direct, et de 40% pour le rayonnement diffusé par le ciel, mais seulement par un procédé d'évaluation indirecte.

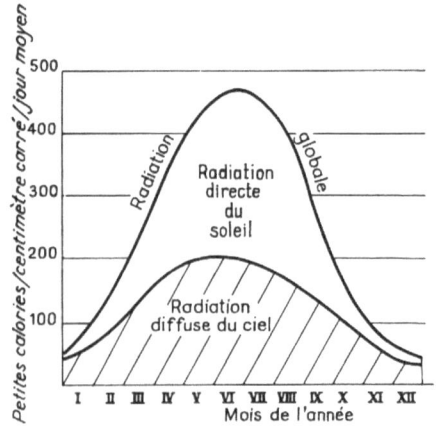

FIG. 8 - Variations, au cours d'une année, de l'intensité du rayonnement solaire direct, diffusé par le ciel, et global, dans une station de plaine du Nord-Est de la France.

NOTA : On préfère, actuellement, remplacer le terme de " radiation ", au singulier, par celui de " rayonnement ". Ces termes sont équivalents.

La figure 8 représente comment, d'une façon approximative, se répartissent, tout au long d'une année moyenne, dans le Nord-Est de la France, les rayonnements directs et diffusés, ainsi que le rayonnement global. En ce qui concerne cette dernière donnée, on semble à peu près d'accord pour retenir une valeur moyenne de 278 cal/cm^2/jour moyen, soit 278 ly/jour moyen, ce qui correspond, pour une année entière, à environ 100 000 cal/cm^2.

Sur l'ensemble de la France, ces données varient un peu, quand on se déplace du Nord vers le Sud, mais, à l'échelle de l'hémisphère nord, on relève des différences assez

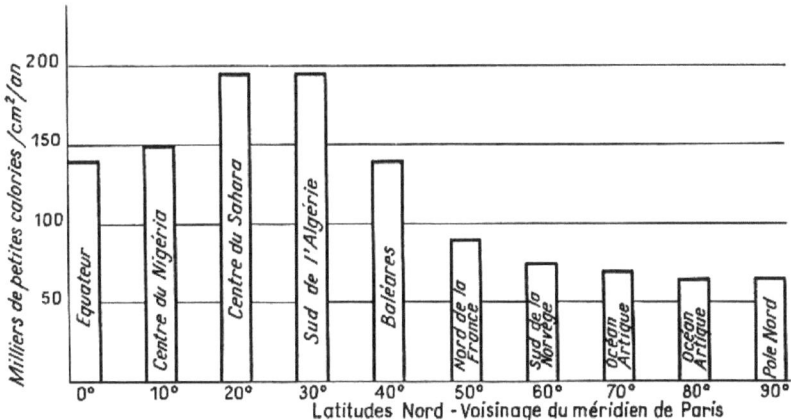

FIG. 9 - Variations de l'intensité du **rayonnement global, de l'équateur au Pôle Nord, au voisinage du méridien de PARIS.**

sensibles, entre les diverses régions géographiques (Fig. 9). Évidemment, il y a un certain parallélisme entre les nombres d'heures d'insolation (voir ci-dessus) relevés aux différentes latitudes et l'intensité du rayonnement global qui y est enregistré. Mais il faut tenir compte également, de la hauteur du soleil au-dessus de l'horizon, plus élevée aux basses latitudes (masse d'air traversée plus faible, angle d'incidence au sol plus grand), suivant les indications très approximatives suivantes :

	Hauteur du soleil à midi		
Latitude Nord	20 Janvier	21 Mars	21 Juin
60°	10°,1	30°	53°,4
50°	20°,1	40°	63°,4
40°	30°,1	50°	73°,4
30°	40°,1	60°	83°
20°	50°,1	70°	86°,6

C'est, de toutes façons, la région saharienne. qui, au voisinage du méridien de Paris, reçoit la plus forte dose de radiations naturelles.

En altitude, la masse d'air traversée est un peu moins grande, mais surtout, l'atmosphère est plus pure qu'en plaine ; on enregistre fréquemment une majoration générale de l'intensité du rayonnement global. Pour s'en tenir à l'Europe Occidentale, MAURAIN, déjà cité, reproduit les chiffres obtenus en Suisse à la Zugspitze (2962 m d'altitude) = 120 000 cal/cm^2/an, et à Davos (1600 m d'attitude) = 130 000 cal/cm^2/an.

SAUBERER (1955) fournit, pour les Hautes-Alpes Autrichiennes, des chiffres un peu inférieurs. Cependant, on peut admettre que dans ces régions, le rayonnement naturel reçu au sol dans une station de plaine est majoré d'environ 10 à 15 % quand on s'élève à 2000 ou 3000 m en altitude. Ces données varient, du reste, très largement en fonction des climats locaux.

Tout ce qui précède est valable pour une surface horizontale de sol. Ces données varient, naturellement, quand la pente du terrain est modifiée. En effet, l'intensité du rayonnement naturel dépend, notamment, on l'a dit plus haut, de l'angle d'incidence du rayonnement solaire direct avec la surface réceptrice. Quand celle-ci est orientée perpendiculairement à la direction des rayons solaires, h = 90°, et sin h = 1, valeur maximale possible. Dans ces conditions i = 1.

Il est évident que cette notion présente un intérêt, surtout en haute montagne, par son incidence sur la température du sol (élévation de la température superficielle, fonte plus rapide de la neige et de la glace - donc, départ moins tardif de la végétation). Elle a paru assez intéressante pour que certains auteurs l'aient analysée avec de grands détails : par exemple, en Allemagne, BAUMGARTNER (1961) qui, à côté de nombreuses considérations très pertinentes, cite de multiples auteurs de travaux antérieurs, et fait mention de l'original appareil proposé par MORGEN (1952), pour déterminer l'intensité annuelle du rayonnement naturel reçu au sol, en fonction de la latitude, de la pente et de l'exposition de divers terrains. Il est vrai que les chiffres avancés comportent une large part d'approximation.

Plus récemment, TURNER (1966), en Suisse, a étudié, grâce à un " Sternpyranometer " à orientation variable (49 positions) l'intensité du rayonnement reçu dans diverses stations d'une petite vallée située aux environs de Davos, et il a établi une carte de la répartition du rayonnement, très complexe, et valable uniquement du reste pour le temps serein. Il est curieux de remarquer que ces mesures, effectuées dans toutes les directions, fournissent en définitive des résultats semblables à ceux que donnent les récepteurs sphériques, du type Bellani, et qui sont intéressants pour les études glaciologiques surtout.

Toutefois, en photologie forestière, ces considérations ont une importance plus réduite. En effet, les arbres se développent verticalement, aussi bien sur un terrain incliné que sur un terrain parfaitement horizontal, et leur photosynthèse, de même que leur croissance, est sous la dépendance principale de la lumière qui atteint leurs cimes et la partie supérieure de leurs troncs, beaucoup plus que de celle, réduite, qui parvient au sol plus ou moins incliné des sous-bois.

Composition du rayonnement naturel global

Le rayonnement global n'a pas une composition absolument stable, dans les diverses stations et aux différentes époques de l'année. Cependant, à titre de large approximation, on cite souvent les chiffres suivants :

ultraviolets < 0,4 µ	1%
rayons visibles 0,4 à 0,7 µ	48%
infrarouges 0,7 à 2,5 µ	51%

La figure 10 représente très schématiquement la répartition du rayonnement naturel global, sur une année moyenne, et localise certains de ses effets physiologiques principaux. Dans la réalité, on observe souvent un certain nombre de bandes d'absorption dans le spectre reçu au sol.

Ces données sont susceptibles, on l'a dit, de variations, suivant le type de temps, par exemple, ou selon l'altitude.

Divers auteurs admettent que le ciel bleu pur a son maximum d'émission spectrale entre 0,40 et 0,45µ, alors que, lorsqu'il est couvert, ce maximum se déplace vers 0,50 à 0,55µ ; quant à lui, le soleil, présente un maximum spectral vers 0,53 à 0,60µ. Les rayons ultraviolets ont été spécialement étudiés, en raison de leur action photophysiologique sur la peau humaine (SAUBERER - 1959). Quand on s'élève depuis 200 m d'altitude jusqu'à 3000 m d'altitude environ, leur intensité moyenne augmente de 1 à 1,34 en été, et de 1 à 1,72 en hiver. Mais, par moments, leur majoration peut être très supérieure.

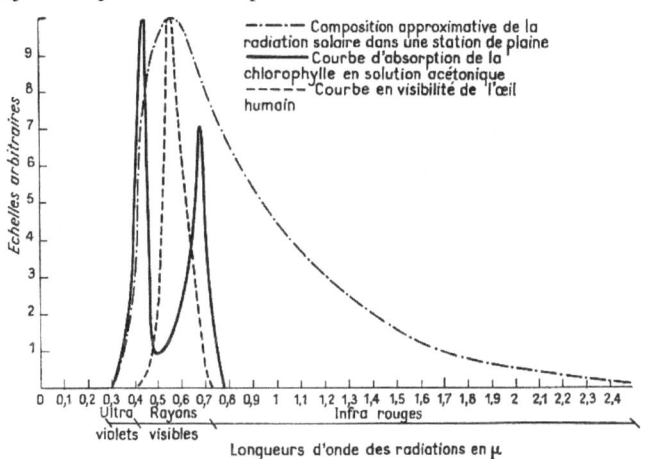

FIG. 10 - Représentation, en échelles arbitraires, de l'intensité du rayonnement solaire, dans les diverses longueurs d'onde, et localisation de deux de ses effets physiologiques principaux (vision et photosynthèse).

Par temps couvert, l'intensité des rayons ultraviolets ne représente guère que 40 à 50 % de leur intensité par temps serein. Il est difficile de résumer, d'une façon simplifiée, tous les résultats publiés, souvent discordants.

Albédo

On rattache souvent à l'étude du rayonnement, celle de l'albédo, c'est-à-dire du facteur de réflexion diffuse, vers le ciel, des divers revêtements de notre globe (terrains, rochers, neige, formations végétales diverses). Voici quelques valeurs d'albédo global selon PERRIN de BRICHAMBAUT (1963) :

Neige: 50 à 90% suivant l'incidence des rayons directs
Eau: 2 à 59% d°
Pierres, roches: 15 à 25%
Cultures, herbages: 12 à 25%   } suivant leur nature
Forêts: 6 à 20%
Sol travaillé 7 à 14%

Il est à noter qu'en U.R.S.S., ALEXEYEV (1963) donne des chiffres en général inférieurs, mais pour des mesures effectuées à une altitude assez élevée (avions - hélicoptères), ceci, sans doute, en raison du rapide affaiblissement du rayonnement réfléchi dans l'atmosphère voisine du sol. Par exemple, pour les forêts de pin sylvestre, il avance un chiffre de l'ordre de 4 à 6 % seulement. Ces données ont été très récemment confirmées par K. PERTTU (1970) en Suède. Cet auteur, opérant en avion, à différentes altitudes, trouve que le rayonnement incident augmente (de 100 à 120 %), et que l'albédo diminue (de 100 à 80 %) quand on s'élève au-dessus des surfaces réfléchissantes. En ce qui concerne cette dernière donnée, il propose une relation : Am = Az (1 + 0,000168 z), dans laquelle Am est l'albédo mesuré immédiatement au-dessus de la formation végétale, et Az l'albédo mesuré à l'altitude z. K. PERTTU donne les chiffres suivants, obtenus en été : Forêts de conifères, suivant la densité, - albédo de 2 à 5 %. Forêts mélangées de pins, d'épicéas et de feuillus - albédo de 8 à 11 %.

Éclairement énergétique et éclairement visuel

Il y a un parallélisme entre l'intensité du rayonnement énergétique global (de 0,3 à 2,5μ ou 3μ), et l'intensité du rayonnement visible (de 0,4 à 0,7μ), mais pas une correspondance exacte. MAURAIN (1937), citant les travaux classiques de KIMBALL, aux U. S. A admet qu'un éclairement énergétique de 1 cal/cm^2/mn, correspond à un éclairement visuel de 72 000 lux. DOGNIAUX, en Belgique (1960) donne une correspondance très voisine : 1 cal/cm^2/mn = 70 000 lux. TRANQUILLINI, en Autriche, propose un chiffre un peu supérieur : 1 cal/cm^2/mn = 75 000 lux (1960). Mais certains auteurs donnent des chiffres différents, soit supérieurs, soit inférieurs, dans une " fourchette " approximative de 50 000 à 100 000 lux, comme équivalent lumineux de la cal/cm^2/mn.

Cependant, en s'en tenant aux chiffres moyens cités : 70 000 à 75 000 lux, on trouve que l'éclairement *moyen*, pendant l'année entière dans la partie Nord de l'Europe Occidentale, est voisin de 27 000 à 28 000 lux, cette valeur étant portée à 34 000 ou 35 000 lux, pendant la belle saison, mais avec de fortes variations journalières de part et d'autre de ce chiffre.

LA MODIFICATION DU RAYONNEMENT NATUREL
DANS LE MILIEU FORESTIER

En pénétrant dans le milieu forestier, le rayonnement naturel est modifié, toujours en quantité, et parfois en qualité. On peut aborder ce genre d'étude d'une façon théorique (considérations d'astronomie, de météorologie et de photométrie) - ou bien d'une façon pratique (emploi d'appareils divers des types décrits page 18). On examinera ci-après les résultats obtenus par ces deux méthodes :

Considérations théoriques

On l'a dit au chapitre précédent, le rayonnement naturel est dispensé pendant le jour d'une façon permanente par le ciel (source de rayonnement diffusé, venant de toutes les directions de l'hémisphère supérieur), et par le soleil (source intermittente et mobile de lumière dirigée).

En arrivant au niveau supérieur d'un peuplement forestier, une partie du rayonnement est renvoyée vers le ciel (albédo de la surface boisée). Une partie plus ou moins importante est absorbée par les appareils foliacés, les branches et les troncs - une partie enfin est transmise au sol. D'une façon générale, on démontre, en photométrie, énergétique ou lumineuse, que l'éclairement E produit en un point O, situé au niveau du sol, par une source lumineuse supérieure S, de brillance (énergétique ou lumineuse) ß, s'exprime par la relation :

$$E = ß\, s$$

s représente la projection orthographique de S sur le sol, avec une demi sphère de rayon unité (Fig. 11).

Ainsi, un ciel nuageux bien égal de brillance ß assimilé à une surface plane donne au sol un éclairement énergétique de pi ß.

Comme application, en photométrie lumineuse, on peut ainsi calculer qu'une surface nuageuse de brillance variant de 1000 à 10 000 bougies par mètre carré, suivant le type de temps, donne, au sol, un éclairement lumineux de 3000 à 30 000 lux environ. Le ciel bleu, moins lumineux, ne donne guère, dans des bonnes conditions, que 20 000 lux environ.

Le soleil a une brillance bien plus élevée. Au moment du solstice d'été, avec un diamètre apparent de 32' et une brillance lumineuse, vers midi, de 15.10^8 bougies par mètre carré, on arrive, par un calcul analogue, à un éclairement de 75 000 lux. Ce qui donne, comme valeur d'éclairement global 20 000 lux (ciel) + 75 000 lux (soleil) = 95 000 lux, très voisine des chiffres habituellement observés dans les conditions ci-dessus.

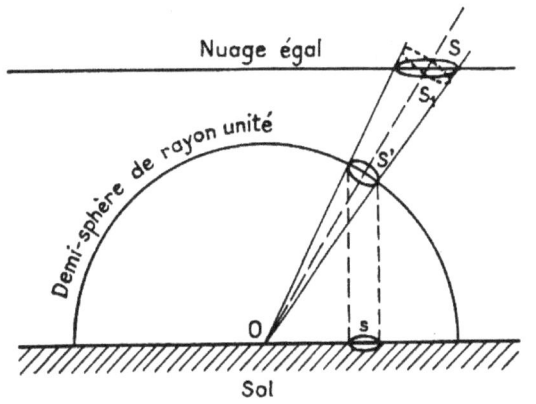

FIG. 11 - L'éclairement reçu en O, d'une surface lumineuse S, de brillance ß , est égal à s ß (ROUSSEL 1952)

Le couvert est nettement discontinu - Sous un peuplement forestier, quand le couvert présente des discontinuités nettes, dans un massif par ailleurs très dense, on peut utiliser la méthode dite du " cercle d'illumination totale " (ROUSSEL 1952) afin de déterminer la proportion du rayonnement global qui parvient jusqu'au sol de l'ouverture (trouée naturelle ou artificielle, bande à bords parallèles, etc ...) (Fig. 12).

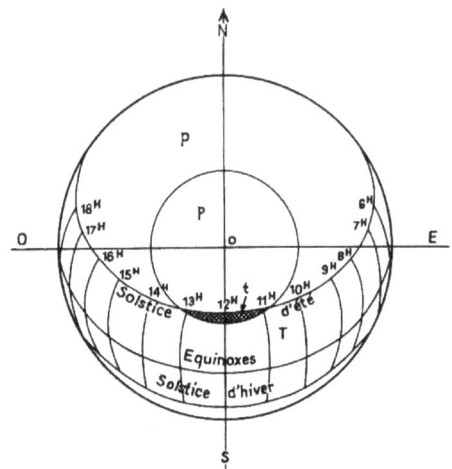

FIG. 12 -Cercle d'illumination totale dans le cas d'une trouée circulaire (latitude nord voisine de 45°) (ROUSSEL 1952).

La proportion du rayonnement diffusé, provenant du ciel seul, et qui parvient au sol de l'ouverture considérée est égale au rapport de la projection orthographique du bord supérieur de la trouée (p), à la projection orthographique de l'ensemble de l'hémisphère supérieur (P).

La proportion de rayonnement direct, provenant du soleil seul et qui parvient au sol de l'ouverture, est égale au rapport de la projection orthographique du bord supérieur de la trouée, mordant (t) sur la projection orthographique de l'ensemble des trajectoires solaires, à la latitude du lieu considéré (T), à cette dernière projection, dans son ensemble. D'où, d'une façon générale, la relation suivante, en désignant par I/q la proportion générale moyenne de l'intensité du rayonnement provenant du ciel, dans le rayonnement global, et par I/q' la proportion générale moyenne de l'intensité du rayonnement provenant du soleil, dans le rayonnement global, telles que *I/q + I/q' = 1* :

$$Rr \text{ (rayonnement relatif)} = I/q \left(\frac{p}{P}\right) + I/q' \left(\frac{t}{T}\right)$$

Dans une région où le rayonnement diffusé par le ciel, et le rayonnement direct du soleil représentent, chacun, la moitié du rayonnement global, la relation ci-dessus devient :

$$Rr = 1/2 \left(\frac{p}{P} + \frac{t}{T}\right)$$

La valeur de Rr est déterminée, par cette méthode, grâce à un procédé graphique, avec planimétrie précise des surfaces utilisées dans cette relation. Il est à noter, au surplus, que le principe même de la méthode de projection adoptée, corrige dans une large mesure le fait que les heures d'ensoleillement du milieu de la journée fournissent plus de rayonnement que les heures d'ensoleillement du matin ou du soir.

Cette proportion simple (moitié/moitié) n'est pas réalisée sur l'ensemble du globe. Dans la région saharienne, par exemple, le rayonnement diffusé par le ciel ne représente guère que 2 à 3/10 du rayonnement global, le surplus étant fourni par le rayonnement solaire direct.

Mais, au voisinage des régions équatoriales, très riches, on le sait, en forêts denses produisant des bois de haute valeur économique, on retombe sur cette proportion moyenne : 1/2 de lumière diffuse et 1/2 de lumière solaire directe. CATINOT (1965) a étudié le " cercle d'illumination totale ", valable pour ces régions, en tenant compte, naturellement, du mouvement apparent du soleil, très différent sous ces basses latitudes, et, si l'on veut déterminer la valeur du rayonnement naturel reçu réellement au sol, de son intensité nettement plus grande au voisinage de l'équateur (Fig. 9).

La méthode du " cercle d'illumination totale " permet, naturellement, de déterminer le profil lumineux, au niveau du sol, dans les différentes régions d'une trouée ou d'une bande, et également, la façon dont la lumière, ou le rayonnement, se répartit, verticalement, depuis le niveau supérieur des peuplements jusqu'au voisinage du sol.

L'extension de cette méthode à des peuplements dans lesquels les ouvertures sont de plus en plus petites, et, à la limite, à un peuplement continu, est d'une application délicate, et, dans ce dernier cas, on préfère utiliser une autre méthode théorique, basée également sur des considérations photométriques.

Il faut connaître aussi les limites de la méthode graphique qui vient d'être exposée, et qui est basée sur le caractère, complet et plein, du peuplement qui entoure l'ouverture.

Dans le cas des peuplements résineux (forêts denses de sapins ou d'épicéas) ces conditions sont approximativement remplies. Voici comment, à la latitude de 45° Nord, se présente, pour l'ensemble d'une année, au niveau du sol supposé horizontal, la valeur du rayonnement relatif dans diverses trouées ou bandes. On adoptera les dénominations suivantes : H = hauteur totale du peuplement - D = diamètre de la trouée circulaire - L = largeur de la bande à bords parallèles :

Trouées Circulaires

Nom proposé	Définition	Rayonnement relatif			
		Centre	Bord Nord	Bord Sud	Bords Est et Ouest
Petite trouée	D = 1/2 H	4%	3%	3%	3%
Trouée normale	D = H	13%	16%	8%	8%
Grande trouée	D = 2 H	45%	35%	14%	22%

Bandes d'Axe Nord-Sud

Nom proposé	Définition	Rayonnement relatif	
		Centre	Bords Est et Ouest
Bande étroite	L = 1/2 H	24%	20%
Bande normale	L = H	41%	32%
Bande large	L = 2 H	66%	42%

Bandes d'Axe Est-Ouest

Nom proposé	Définition	Rayonnement relatif		
		Centre	Bord Nord	Bord Sud
Bande étroite	L = 1/2 H	18%	24%	12%
Bande normale	L = H	37%	47%	20%
Bande large	L = 2 H	72%	67%	21%

D'une façon générale, on le sait, les stations situées sur le bord Sud (exposé au Nord) des ouvertures auront un rayonnement relatif réduit, constitué à peu près exclusivement des rayons diffusés par le ciel (prédominance de la lumière de courte longueur d'onde) - les stations situées sur le bord Nord (exposé au Sud) recevront plus de radiations, et surtout les rayons directs du soleil (faible prédominance de la lumière jaune et rouge). Pour les peuplements feuillus, on obtient des valeurs différentes, suivant que l'on envisage la belle saison (présence des appareils foliacés des arbres voisins de l'ouverture, avec des trajectoires solaires d'une plus grande hauteur sur l'horizon), ou la mauvaise saison (peuplements dénudés et beaucoup plus perméables aux rayons divers, trajectoires solaires plus basses sur l'horizon). Cependant, à titre de très large approximation, on pourra utiliser les chiffres du tableau précédent.

Dans les forêts équatoriales, CATINOT (1965) a, selon la même méthode, déterminé le rayonnement relatif transmis au sol, dans des ouvertures de forme et d'orientation variées. Voici quelques chiffres, calculés pour la région centrale de ces ouvertures :

Trouée circulaire

D = 1/2 H   10 %

D = H   32 %

D = 2 H   62 %

-

Bandes d'axe Nord Sud

L = 1/2 H   25 %

L = H   41 %

L = 2 H   70 %

-

Bandes d'axe Est Ouest

L = 1/2 H   41 %

L = H   61 %

L = 2 H   80 %

En comparant les chiffres ci-dessus (latitude nord de 0 à 5°), avec ceux du tableau précédent (latitude nord 45°) on se rend compte que le dosage de la lumière doit être beaucoup plus " subtil " dans les forêts équatoriales que dans les forêts européennes septentrionales.

Le couvert est quasi-continu. - Un peuplement forestier dense, à couvert quasi-continu (en réalité, il n'est jamais complètement fermé) peut être assimilé, d'une façon approximative, à un milieu homogène, dans lequel le rayonnement pénètre, en s'affaiblissant, conformément à une relation classique en photométrie :

$$F(l) = F(O) \cdot e^{-al}$$

$F(l)$ = flux énergétique (lumineux) au niveau (l) du milieu.
$F(0)$ =   d°   incident à la surface du milieu.
e = base des logarithmes népériens.
a = coefficient d'extinction du milieu (ensemble des coefficients de diffusion, de réflexion et d'absorption).
l = épaisseur du milieu, de la surface au niveau (l).

En matière agricole CHARTIER (1967), en matière forestière GRULOIS (1967), après MONSI & SAEKI (1953), et divers autres chercheurs, adoptent une formule légèrement différente :

$$E(f) = E(0) \cdot e^{-kf}$$

$E(f)$ = éclairement énergétique au niveau f du peuplement.
$E(0)$ =   d°   à la surface supérieure du peuplement, diminué de l'albédo.
e = base des logarithmes népériens.
k = coefficient d'extinction du rayonnement.
f = indice foliaire (surface des feuillages comprise entre le niveau f et la partie supérieure du peuplement, par unité de surface du sol).

La figure 13, représente la façon théorique, dont, selon GRULOIS, se répartit le rayonnement naturel, du niveau supérieur d'un peuplement forestier jusqu'au niveau du sol.

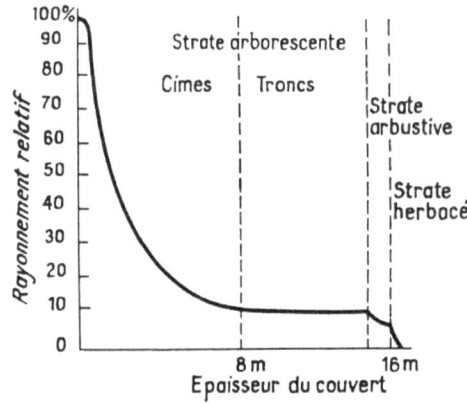

FIG. 13 - **Répartition verticale théorique du rayonnement relatif dans un peuplement d'arbres feuillus** (GRULOIS 1967).

On doit remarquer que cette formule présente un caractère assez approximatif. En effet, comme on le verra plus loin, le milieu forestier n'est pas photométriquement isotrope, et le coefficient d'extinction du rayonnement est plus élevé par temps ensoleillé (prédominance des rayons dirigés tombant sur les feuillages), que par temps couvert (caractère multidirectionnel des rayons, qui pénètrent plus facilement dans les cimes). Cette remarque est valable surtout pour les peuplements feuillus, en été ; pendant la période de défoliation, k est fortement diminué, et f ne signifie plus grand-chose, puisque les feuillages ont disparu.

Pour les peuplements résineux, il semble que les différences signalées ci-dessus soient atténuées assez fortement.

De toute façon, et à titre de première approximation, cette méthode présente un intérêt évident, car elle tient compte de certains des facteurs les plus importants dans la réduction du rayonnement naturel, pénétrant dans le milieu forestier, et elle est utilisée par divers chercheurs pour des travaux théoriques.

Méthodes expérimentales

Mode opératoire - Pour déterminer, expérimentalement, l'intensité du rayonnement, ou de la seule lumière, qui règne aux différents étages d'une station forestière, il faut installer des appareils appropriés, depuis la surface supérieure du peuplement, jusqu'au voisinage du sol. On utilise dans ce but, comme supports, des perches, des mats, des tourelles, par exemple ; les installations, permanentes, ou semi-permanentes, sont réservées, en général, aux Stations de recherches forestières, ou écologiques un peu importantes.

Mais, très souvent, en sylviculture ou en écologie pratique, on se contente de déterminer le rapport qui règne entre l'intensité du rayonnement (ou de la lumière) reçu, au niveau du sol, dans une station forestière quelconque, et l'intensité du rayonnement (ou de la lumière) qui règne dans une station largement dégagée. Les rapports obtenus expriment, selon les cas, la valeur du rayonnement relatif (Rr), ou de l'éclairement relatif (Er) de la station en cause. Cette notion est très largement utilisée en photologie forestière. Elle est simple, commode, et peut se relier, visuellement, à la densité apparente du couvert.

Cependant, certaines précautions sont à prendre, suivant le type d'appareil utilisé :

- si l'on emploie des appareils enregistreurs, ou totalisateurs (pyranomètres, luxmètres), il faut, bien entendu, que les observations soient effectuées en permanence pendant une année complète (ou bien pendant des périodes plus courtes échelonnées tout au long d'une année). En effet, surtout sous les peuplements feuillus, le rythme annuel de la feuillaison détermine la valeur du *Rr*, ou de l'*Er*, au niveau du sol. Une première simplification consiste à ne considérer que la période de végétation la plus active (d'avril à septembre par exemple) et cette indication peut être très utile dans la pratique photologique.

- si l'on utilise des appareils à lecture instantanée (et ce sont souvent des photopiles), il faut multiplier les mesures relatives, par divers types de temps, sous bois et en plein découvert. Souvent, et cette méthode peut se révéler assez satisfaisante, on peut même ne faire que quelques mesures de rayonnement, ou d'éclairement relatif, en n'opérant que par un type de temps couvert et *bien égal,* avec nuages élevés de préférence, et peu mobiles.

On peut aussi, de la même façon, opérer par temps serein ensoleillé, mais, dans ce cas, les mesures effectuées doivent être réparties sur une petite surface (un carré de quelques mètres de côté, ou bien un cercle, par exemple) car il importe que les valeurs obtenues représentent une moyenne, pondérée, entre les plages ensoleillées et les plages d'ombre ; divers chercheurs ont travaillé avec ces méthodes instantanées, et les résultats qu'ils ont trouvés ne sont pas très différents de ceux qui résultent de mesures de longue durée. Il est à noter, cependant, que les valeurs obtenues par temps ensoleillé sont en général plus faibles que celles enregistrées par temps couvert bien égal, surtout le matin et le soir.

Données Chiffrées - a) **Variation de l'intensité du rayonnement transmis au sol.**

Ainsi qu'on peut le penser, il convient de distinguer d'abord le cas des arbres conservant leurs aiguilles, ou leurs feuilles, pendant toute l'année (la majorité des arbres résineux, sauf les mélèzes), et le cas des arbres perdant leurs feuilles ou leurs aiguilles à l'automne (la majorité des arbres feuillus de l'Europe septentrionale). Sous les premiers, la diminution du rayonnement (ou de la seule lumière) est assez constante pendant toute l'année ; sous les seconds, on enregistre des valeurs très différentes selon que l'on opère avant, ou après la feuillaison (Fig. 14).

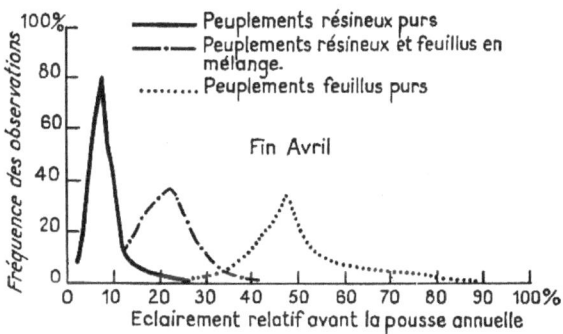

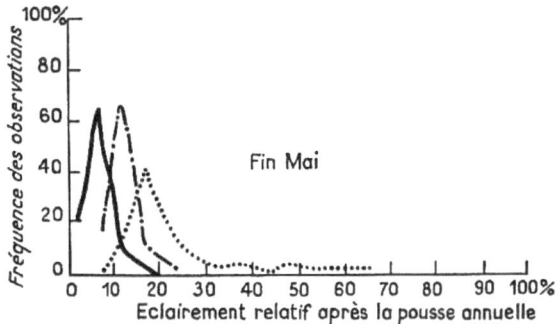

FIG. 14 - **Courbes de fréquence des éclairements relatifs transmis au soi, sous des peuplements de nature différente, au moment du départ annuel de la végétation** (NAEGELI - 1940).

CAS DES PEUPLEMENTS RÉSINEUX - Le principal élément qui intervient ici, pour une espèce donnée, est probablement la densité de l'implantation des tiges. Dans les forêts de sapins et d'épicéas du Jura, l'auteur a proposé (1946) une formule simple, reliant le rayonnement relatif reçu au sol (Rr) au nombre des tiges par hectare (N) et à un coefficient caractéristique de l'espèce (K) :

$$Rr = \frac{K}{N} \quad \text{ou mieux} \quad Rr = \frac{K}{K+N}$$

Pour les espèces indiquées ci-dessus, K a été trouvé égal à 20. Ainsi, dans un haut perchis dense, comptant 2000 tiges par hectare, le Rr est voisin de 1 %.

Quand ce perchis vieillit, et devient une futaie, à 400 tiges par hectare, par exemple, le *Rr* passe à 5 %. D'autres auteurs, MILLER (1958), résumant de multiples observations de chercheurs américains, et *ALEXEYEV* (1963) en U.R.S.S. ont établi des relations analogues (Fig. 15). Les courbes obtenues ont l'allure générale d'une branche d'hyperbole.

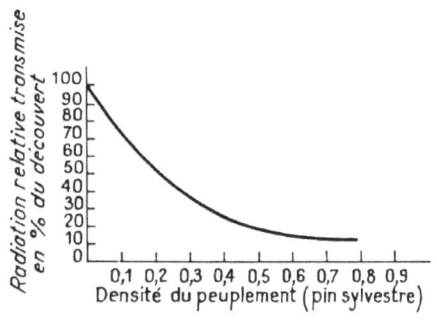

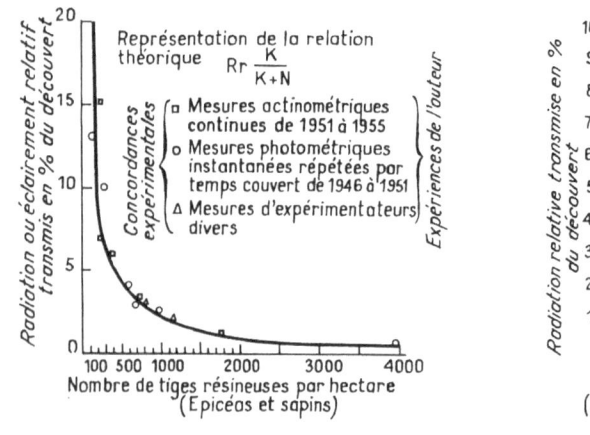
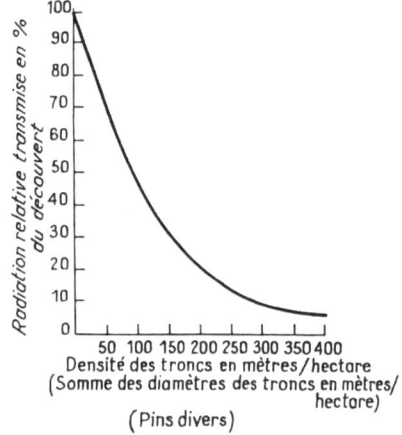

FIG. 15 - Relations entre la densité de divers types de peuplements résineux et le rayonnement relatif transmis au sol.
(Epicéas et sapins = ROUSSEL - 1946 à 1955, pins américains divers = MILLER - 1958, pins sylvestres = ALEXEYEV - 1963).

Ces relations ne sont valables que pour des peuplements en état d'équilibre, quelques années après une éclaircie, quand les cimes, un moment disjointes, se sont lentement étalées.

Une opération culturale, caractérisée par l'enlèvement d'un certain nombre de tiges du peuplement, se traduit par une brusque remontée du Rr transmis au sol. Ainsi, des observations continues (ROUSSEL - 1952), ont montré, par exemple, que si dans une futaie de sapins pectinés du Jura, assez dense (487 m^3 par hectare), et où règne un Rr de 4,25 %. en été, on pratique une coupe enlevant 23,5 % du matériel, le Rr au sol, immédiatement après l'opération, est plus que quadruplé (1 8 %). Très lentement le couvert se referme, et, au bout de quelques années, le Rr se stabilise autour de 8 à 10 %. L'auteur ne possède pas de chiffres se rapportant aux peuplements de mélèzes : ils doivent se rapprocher de ceux obtenus sous les peuplements feuillus.

CAS DES PEUPLEMENTS FEUILLUS - Des observations de longue durée (4 années, pendant des périodes variables) effectuées dans des taillis sous-futaie de la moyenne vallée de la Saône, et de la Champagne humide (type chênaie-hêtraie à charme) montrent comment varie l'intensité du Rr au sol, tout au long de l'année. La figure 16 se rapporte à des observations effectuées en 1962 et 1963, dans 6 stations (dont une était située en plein découvert) d'un tel taillis sous-futaie (ROUSSEL - 1965). On remarque que, dans les stations situées sous un taillis de charme âgé de 25 ans, surmonté de futaies de chênes, de hêtres et de quelques arbres d'essences diverses, le Rr au sol, en été, est voisin de 3 % (station 6). En hiver, il atteint 30 %. La valeur du Rr est donc multipliée par 10 environ. Même en tenant compte du fait qu'en plein découvert, la valeur absolue du rayonnement naturel est plus élevée pendant la belle saison, qu'en automne et en hiver (voir figure 8), on enregistre, dans cette station, un rayonnement absolu plus élevé vers la fin de l'hiver (29 à 30 cal/cm^2/jour) qu'en été (13 à 14 cal/cm^2/jour). Le microclimat lumineux de ce type de station est donc caractérisé par des jours longs, et un faible éclairement énergétique, en été, et par des jours plus courts, et un éclairement énergétique plus élevé vers la fin de l'hiver, et surtout au premier printemps. C'est l'inverse de ce qui se produit en général pour une station de plein découvert. On examinera plus loin les conséquences de ce microclimat spécial.

Par ailleurs, en admettant que les troncs et que les branches, absolument opaques aux radiations, retiennent la même proportion de rayonnement en été et en hiver (et en supposant l'albédo peu modifié, ce qui est approximatif), on peut déduire, de la figure 16, la proportion de rayonnement absorbée par les feuillages d'un taillis sous-futaie, de mai à septembre par exemple. Dès octobre, les feuilles jaunissent et leur chlorophylle perd énormément de son activité. Dans la station 6, la proportion de rayonnement absorbé par les feuillages est de 30 % - 3 % = 27 % de ce qui est reçu en plein découvert. Soit, approximativement, de 100 à 110 cal/cm^2/jour.

Il est à noter que dans un travail très documenté, établi au moyen des installations écologiques perfectionnées de la chênaie-hêtraie à charme de Virelles-Blaimont, en Belgique, A. GALOUX (1968) avance un chiffre très voisin, soit 30 %, de mai à septembre, pour le rayonnement absorbé par les feuillages.

La station 5 (figure 16) était établie dans le même taillis sous-futaie que la station 6, mais le taillis avait été légèrement éclairci (enlèvement de 10 %, des brins environ). Le Rr,

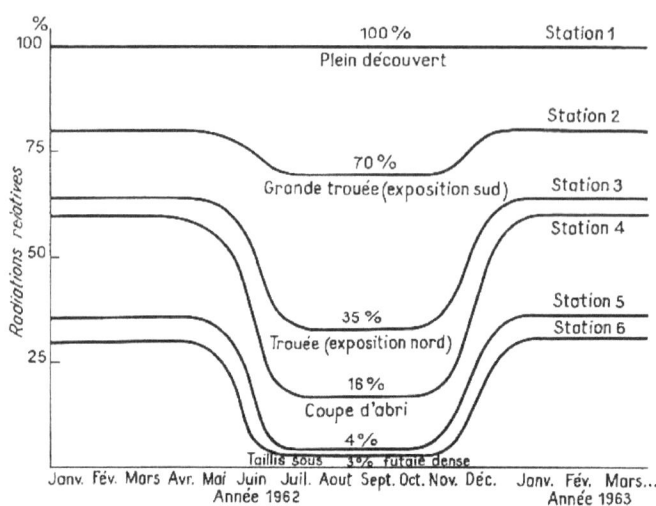

FIG. 16 - **Variations, au cours d'une année complète, du rayonnement relatif transmis au sol, dans une chênaie-hêtraie à charme** (type taillis sous futaie), dans

en été, était voisin de 4 % - en hiver, il s'élevait à 33 % environ. La station 4 était du type défini en sylviculture comme une " coupe d'abri ", laissant de 4 à 500 brins de taillis par hectare, et toutes les futaies. Le *Rr*, en été, atteignait 16 % environ, alors qu'en hiver il était à peu près quadruplé. Les stations 3 et 2 correspondaient à des trouées, sans aucun couvert supérieur, et la réduction du Rr, en été, était uniquement le fait des arbres voisins. En hiver, on constatait que le *Rr* était peu majoré.

Dans les taillis sous-futaie classiques, exploités normalement (coupe à peu près complète des taillis et réserve approximative de 50% des grands arbres de futaie), le *Rr* au sol atteint souvent, aussitôt après les exploitations, des valeurs élevées (de 60 à 80% environ en été). Mais, au bout de quelques années, 4 ou 5 par exemple, on revient à 10 % environ, en été, et au bout de 8 à 10 ans, on n'est pas très loin de l'état initial. Cette évolution rapide est due, surtout, au développement des rejets de souche, caractéristiques de ce mode de traitement des forêts.

Les forêts composées d'arbres qui conservent leurs feuillages en hiver (les taillis de chêne vert du Midi de la France, par exemple) se comportent un peu comme celles constituées de résineux à aiguilles persistantes.

b) Variation de la qualité du rayonnement transmis au sol

CAS DES PEUPLEMENTS RÉSINEUX - Les aiguilles des résineux agissent comme des grilles qui modifient très peu la qualité du rayonnement reçu au sol. En Suisse, KNUCHEL (1914) l'avait signalé depuis longtemps, en ce qui concerne la composition de la lumière verticale. En U.R.S.S., ALEXEYEV (1963) relève une légère différence : majoration de la proportion de rayons de grande longueur d'onde transmis, par temps ensoleillé, sous des peuplements de pin sylvestre. Au Canada, VEZINA & BOULTER (1966) trouvent aussi une petite modification dans la qualité de la lumière transmise sous des peuplements de pin rouge (Fig. 17 et 18).

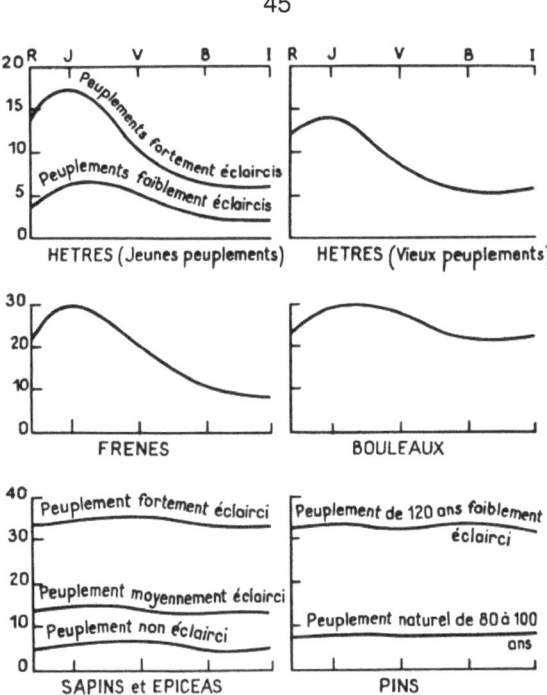

FIG. 17 - Modifications de la qualité de la lumière verticale, observée par temps serein, sous des peuplements de nature différente. Pour le repérage exact des couleurs (R = rouge, J = jaune, etc...) voir le texte ci-dessus = Les appareils. (d'après KNUCHEL 1914)

L. ROUSSEL (1953), avec une cellule photoélectrique munie de filtre gris neutre, puis de filtre K.W. n° 34 (Fig. 5), n'a trouvé, en été, mais par temps couvert, aucune différence décelable entre la proportion de lumière " visuelle" et celle de lumière " photosynthétique ", transmise par les cimes des sapins et des épicéas.

D'une façon générale, on peut admettre que les changements de composition du rayonnement observés sous les peuplements résineux, en tenant compte de tous les types de temps, sont en réalité de peu d'importance.

CAS DES PEUPLEMENTS FEUILLUS -Les feuilles agissent, partiellement, comme des filtres, et modifient un peu, surtout quand elles ne sont pas superposées, la qualité du rayonnement transmis au sol. KNUCHEL (1914) (Fig. 17) a observé des changements de notable importance dans la proportion des rayons verts, jaunes et rouges, transmis *verticalement* par les couverts forestiers. ALEXEYEV (Fig. 18), en 1963, a relevé que, par temps couvert, la modification du rayonnement transmis était peu importante, ceci pour sa composition. Par contre, par temps ensoleillé, il a observé de façon constante une légère majoration de la lumière verte, et une très forte majoration des infrarouges proches (à partir de 0,72 à 0,74µ).

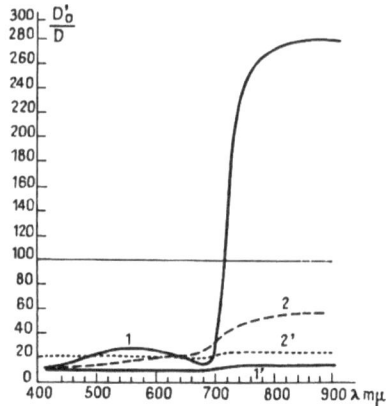

FIG. 18 — Courbes représentant les rapports
$\dfrac{D'o = \text{éclairement sous bois}}{D = \text{éclairement en plein découvert}}$
pour diverses longueurs d'onde.
1 — couvert de bouleaux verruqueux par jour clair
1' — couvert de bouleaux verruqueux par jour sombre
2 — couvert de pins sylvestres par jour clair
2' — couvert de pins sylvestres par jour sombre
(ALEXEYEV 1963)

VEZINA & BOULTER (1966) ont également noté cette forte majoration du rayonnement infrarouge proche, par temps ensoleillé, sous des peuplements d'érable à sucre. Il est à noter que, si l'on considère la lumière venant de toutes les directions, non seulement transmise verticalement, mais aussi réfléchie sur les branches et sur les troncs, ROUSSEL (1953) n'a pas observé de grande modification par temps couvert. Mais, par temps ensoleillé, il a noté, surtout chez les peuplements jeunes au printemps, une réduction assez sensible de la lumière " photosynthétique " (diminution des rayons bleus et rouges absorbés en partie par les feuillages).

CHAPITRE III

Effets physiologiques partiels du rayonnement naturel sur les végétaux

Les arbres, comme tous les végétaux à chlorophylle du reste, sont étroitement dépendants du rayonnement naturel qu'ils reçoivent. Mais cette action, en général bénéfique, n'est pas la seule (voir page 15) et de multiples autres effets sont aussi observés.

On examinera successivement comment les diverses fonctions physiologiques de ces végétaux sont affectées par les modifications, en quantité, en qualité et en durée, du rayonnement sous lequel ils sont appelés à se développer. On doit remarquer d'abord, que, pour que les études rapportées aient une signification certaine, il est nécessaire, la plupart du temps, de se placer dans des conditions précises de laboratoire. Mais on sait très bien, actuellement, reproduire artificiellement tel ou tel type de rayonnement naturel (durée, intensité et composition du rayonnement, température, etc...), de telle sorte que l'on peut, raisonnablement, penser que les phénomènes observés dans une serre conditionnée, par exemple, se déroulent effectivement de la même façon dans le milieu naturel, lorsque les mêmes conditions sont réalisées.

EFFET PHOTOPÉRIODIQUE ET RYTHMES BIOLOGIQUES

Le régime photopériodique, ou mode de distribution, dans le temps, de la durée du jour et de la nuit, de la lumière et de l'obscurité, exerce, sans doute, un rôle important pour déclencher divers phénomènes de la vie des végétaux en général : germination, croissance, floraison et fructification, en particulier. Ce fait, pressenti par divers chercheurs, GASPARl (1861), et TOURNOIS (1911-1914) notamment, a été clairement mis en évidence par GARNER & ALLARD (1920) par leurs expériences très originales sur la mise à fleur de diverses variétés de tabac américain. Cette idée fut très controversée, au début, bien que BÜNNIG (1920) en Allemagne eût observé certains aspects analogues de ce phénomène. CHOUARD, en France, a effectué de très nombreux travaux qui ont permis de développer considérablement ces notions. Cet auteur classe, par exemple, en France, les végétaux du point de vue de leur floraison, en :

HÉMÉROPÉRIODIQUES : qui fleurissent en jour long (type capucine)
NYCTOPÉRIODIQUES : qui fleurissent en jours courts (type primevère)
APHOTOPÉRIODIQUES : indifférents à la longueur du jour (type pissenlit)
AMPHIPÉRIODIQUES : qui demandent un ensemble de conditions plus strictes (jours longs + jours courts, par exemple - type topinambour)

ADDENDUM

"Le nyctopériodisme de la primevère, et des plantes vernales, en général, n'est qu'apparent. En fait, Selon P. CHOUARD (1971), il s'agit la plupart du temps de plantes aphotopériodiques, affectées d'une dormance levée par le froid hivernal".

Au fur et à mesure que ces études se sont développées (MATHON - STROUN) la classification ci-dessus a dû être nuancée.

Les effets photopériodiques sont obtenus avec des éclairements très faibles (souvent de 5 à 10 lux) et sont indépendants des phénomènes de la nutrition carbonée, décelables la plupart du temps pour des éclairements nettement plus élevés. L'action de la qualité de la lumière fut également étudiée, par FLINT & ALLISTER (1935) notamment ; ces chercheurs trouvèrent que la germination de certaines graines était stimulée par les radiations rouge-clair, et ralentie ou supprimée par les radiations rouge-sombre. MOHR (1956), TOOLE (1957) obtinrent des résultats analogues.

En ce qui concerne le développement des végétaux ligneux, NITSCH a effectué, depuis l'année 1950, de très nombreuses expériences, notamment au Phytotron de Gif-sur-Yvette, et portant sur divers jeunes arbres résineux et feuillus. La lumière varie en durée et en qualité. Des résultats, parfois tout à fait spectaculaires, sont obtenus, en serre conditionnée, sur la vitesse de croissance et la morphologie des sujets, strictement dépendantes des conditions photopériodiques artificiellement imposées.

Cependant, certaines espèces sont peu sensibles à ce traitement. WAREING (1950-1951) a étudié de ce point de vue le pin sylvestre, et le hêtre également.

BORTWICKS & HENDRICKS, avec leurs collaborateurs se sont appliqués, dès l'année 1961, à élaborer une théorie explicative de l'effet photopériodique, actuellement assez généralement admise, et qui peut être résumée comme suit :

Dans tous les végétaux existerait, à dose variable selon les espèces, mais, en général très faible, une substance instable (qui a été, du reste, isolée déjà dans certaines plantes) appelée " phytochrome ", proche d'une substance chimiquement connue: l'allophycocyane, et qui oscillerait entre deux formes: " le phytochrome 660 ", forme réduite, et le " phytochrome 730 ", forme oxydée. La lumière rouge clair (lambda = 0,66μ ou 660 nm) et la lumière rouge sombre (lambda = 0,73 μ ou 730 nm), ainsi que l'obscurité, agiraient schématiquement de la façon suivante :

$$P.\ 660 \xrightarrow{\lambda\ =\ 660\ nm} P.\ 730 \xrightarrow[\text{(lent)}]{\text{obscurité}} P.\ 660$$
$$\xleftarrow[\text{(rapide)}]{\lambda\ =\ 730\ nm}$$

C'est de la proportion, de ces deux substances, variable avec la durée du jour et de la nuit, ainsi qu'avec l'espèce et la variété végétale en cause, que résulterait, à chaque époque de l'année, le contrôle central, absolument indépendant de la photosynthèse, des processus les plus variées : germinations, puis croissance, puis floraison, puis fructification. Un essai de représentation graphique de l'induction photopériodique de la floraison est donné à la figure 19.

Selon cette théorie, le mode de distribution de la lumière naturelle (photopériode) jouerait un rôle essentiel dans le déroulement des diverses phases de la vie des végétaux.

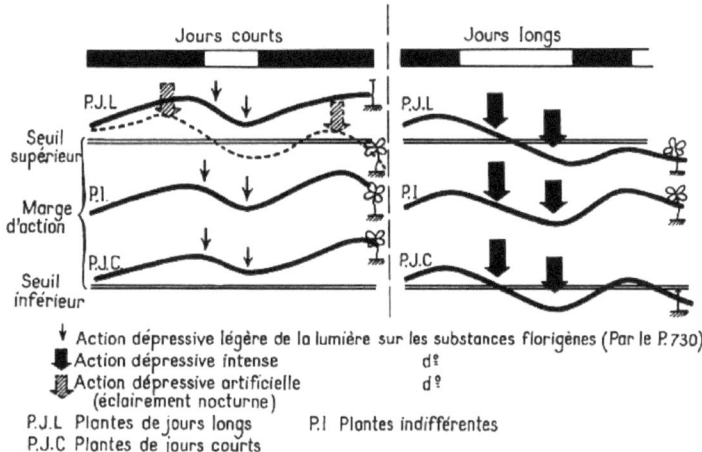

FIG. 19 - **Essai d'interprétation graphique de la théorie de BORTHWICK et HENDRICKS.** (Action de la photopériode sur la floraison).

On peut remarquer, du reste, qu'à côté du rythme annuel de la *durée* dans la distribution du rayonnement naturel, intervient également un rythme dans *l'intensité* du même rayonnement, et que, dans certains cas (taillis feuillus par exemple) ces deux éléments peuvent se trouver dissociés. À côté de la seule photopériode, il conviendrait peut-être de faire place à un autre phénomène, la " photomodulation ".

Cependant, dans une voie tout à fait différente, d'autres chercheurs mettaient récemment en évidence l'importance des rythmes biologiques internes, indépendants en principe des facteurs externes imposés par le milieu. Des effets variés étaient signalés, en ce qui concerne l'allure de certains phénomènes importants de la vie des animaux et des végétaux. Il a été démontré il y a peu de temps, par exemple, que de jeunes chênes européens, tout aussi bien que de petits arbres tropicaux, présentaient des rythmes de croissance absolument indépendants des variations des conditions du milieu extérieur, et de la photopériode en particulier (CHAMPAGNAT - SCARRONE par exemple). De nombreuses observations analogues ont été faites, souvent du reste sur des animaux, et l'on en dénombre actuellement plusieurs centaines.

Comment concilier ces deux séries d'observations, qui, d'une certaine façon, semblent s'opposer ? BAILLAUD, spécialiste français de l'étude de ces phénomènes, parle parfois " d'horloges biologiques ", obéissant à un rythme interne ou endogène propre, mais qui pourraient périodiquement être " remises à l'heure " par les rythmes exogènes caractérisant le milieu. Ces difficultés sont, en tous cas, loin d'être entièrement résolues, et, dans son récent et important Traité de Photophysiologie, A. GIESE (1964), en exposant ces deux opinions différentes, évite soigneusement de prendre position.

De toutes façons, il convient de remarquer que, si l'effet photopériodique peut expliquer pourquoi telle ou telle espèce d'arbre, parce qu'elle est " accordée " au milieu, s'est développée dans telle ou telle région du globe, et ainsi guider le sylviculteur dans le choix des espèces a introduire, ces considérations ne semblent pas, *tout au moins pour le moment,* susceptibles de grandes applications pratiques à l'échelle de la forêt française. Car on ne voit pas très bien comment (sauf dans des pépinières de surface réduite), il serait possible, d'une façon rentable, de modifier le régime photopériodique d'une région forestière étendue, ou même d'un simple massif boisé.

EFFETS DU RAYONNEMENT NATUREL SUR LA GERMINATION ET SUR LA CROISSANCE

Dans une station dont le régime photopériodique est bien déterminé, - et, en matière forestière, c'est la plupart du temps ainsi qu'il faut envisager les choses - l'intensité et la composition du rayonnement exercent une influence sur la germination, et surtout sur la croissance des végétaux ligneux. Les graines (ou les appareils aériens et souterrains, avant la reprise de la croissance annuelle), renferment des matières " plastiques " abondantes (type amidon notamment) et des matières " oligodynamiques " qui agissent à dose très faible et dont il sera parlé plus loin. Cette distinction très importante est faite par DAVID (1952) dans son petit ouvrage consacré aux hormones végétales.

Quelle est l'influence du rayonnement naturel sur la germination ? CHOUARD (1951) classe les graines en " héliophiles " (ayant besoin de lumière pour germer) en " scotophiles " (qui ne germent bien qu'à l'obscurité), et en " indifférentes ". Approximativement, dans le milieu naturel, les premières représentent 70 % environ des espèces, et les secondes 20 %. FLINT & ALLISTER (1937), on l'a dit, avaient observé que la lumière rouge clair, ou jaune, succédant de préférence à la lumière rouge sombre, favorisait la germination.

SHIRLEY (1945), STOUTMEYER & CLOSE (1946), BACKER (1950), SARVAS (1950) estiment que de nombreuses graines forestières germent mieux à la lumière qu'à l'obscurité.

Mais, si l'on compare la lumière *à l'ombre* (c'est-à-dire à une lumière, plus ou moins réduite, mais non nulle, telle qu'elle règne dans de nombreux sous-bois), on n'observe guère de différence, ainsi qu'on l'exposera plus loin.

La croissance de certains végétaux, par contre, au moment de la germination, ou lors de la reprise annuelle de la végétation, est certainement freinée par une lumière trop vive. Ce fait est connu depuis longtemps, mais à ce sujet règne une certaine confusion des idées entre deux phénomènes très voisins, mais non exactement semblables : l'allongement, constaté habituellement chez divers végétaux se développant dans une lumière réduite et équilibrée, et le phototropisme (appelé autrefois héliotropisme), ou changement d'orientation des tiges et des rameaux, observé fréquemment dans une lumière unilatérale.

L'abbé ROZIER (1793), dans son Cours d'Agriculture, distinguait assez bien l'étiolement, caractérisant des pousses de blé développées en lumière réduite, longues et à feuilles décolorées, de l'héliotropisme, ou changement d'orientation des mêmes pousses sous un éclairement latéral, et qui se dirigeaient en général vers la lumière. C'est surtout ce dernier effet qui a été étudié par de CANDOLLE (1832), puis par C. & F. DARVIN (1881) et par BOYSEN-JENSEN (1910-1913), pour aboutir à la théorie de WENT (généralement datée de 1928), laquelle, dans ses grandes lignes peut être exposée comme suit : la croissance des plantes, rendue possible par l'afflux des matières plastiques, puis des produits des phénomènes vitaux de la photosynthèse, est réglée par une hormone agissant à dose extrêmement faible : l'auxine.

En réalité, on sait qu'il s'agit surtout de l'hétéroauxine (acide ß-indolacétique, isolé en 1933 par KÖGL & col., de formule générale non développée : $C_{10}H_9O_2N$, et appelé généralement AIA). Cette hétéroauxine, dans la première théorie de WENT, est déplacée par la lumière vers le côté ombragé (qui en renferme alors environ 70 %), alors que le côté éclairé n'en a plus que 30 %. D'où une croissance différentielle (élongation et multiplication des cellules), entraînant la courbure phototropique.

Il est à noter que, dès l'année 1914, BLAAUW avait émis l'idée que c'était la lumière qui atteignait la cellule végétale elle-même, qui provoquait, sur le côté éclairé, un ralentissement de ses facultés d'allongement et de multiplication. Certaines expériences récentes, rapportées par SAUBERER & HÄRTEL (1959), donnent du crédit à cette hypothèse.

Par ailleurs, postérieurement à la théorie de WENT, d'autres chercheurs ont mis en évidence, non un déplacement, mais une inactivation ou une destruction, par photooxydation, de l'AIA (GALSTON - 1950).

BRIGGS (1964) a tenté une synthèse de ces diverses théories qui, si elles gravitent autour d'un type de phénomène identique, n'en sont pas moins un peu différentes.

Il est à noter que l'action (dépressive, pour employer un terme général), de la lumière sur l'hétéroauxine s'exercerait non directement, mais par l'intermédiaire de substances photosensibilisantes (les carotènes, et davantage peut-être, les flavoprotéines), que l'on rencontre fréquemment chez de nombreux végétaux, et dont le spectre d'absorption (lambda = 0,44 à 0,48µ) est voisin du spectre d'action dans le phototropisme.

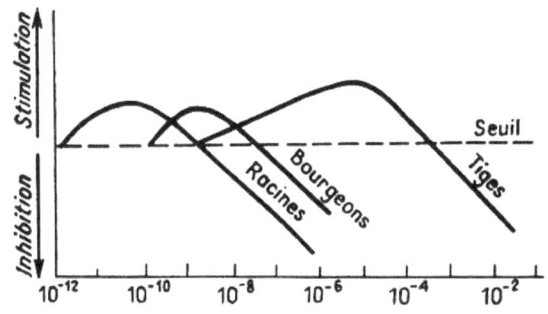

FIG. 20 - Effets variables suivant sa concentration de l'A.I.A. sur la croissance de diverses parties des végétaux (BASTIN 1967, d'après THIMANN).

Du reste, l'effet de l'hétéroauxine se manifesterait non seulement dans les phénomènes de croissance proprement dits, mais aussi dans la détermination de la structure générale du végétal, la formation de chaque organe dépendant d'une concentration optimale, chaque fois différente, des tissus en AIA (THIMANN) (Fig. 20). Au surplus, un autre type de phénomène très curieux, le géotropisme (négatif des tiges et positif des racines) paraît être lié à la concentration différente des organes en AIA, selon un processus non exactement élucidé, du reste. Il est à remarquer aussi que ces théories concernent, la plupart du temps, des actions qui se déroulent *au niveau* de la cellule, en présence de l'AIA. Mais, au moment de la germination, ou de la reprise annuelle de la croissance pour les végétaux vivaces, on assiste très probablement à des transferts d'auxines libres (fixées sur une protéine : la " transperméase " selon une théorie récente), qui ne sont sans doute pas insensibles à l'éclairement interne, très faible, mais non nul, qui règne à l'intérieur des tissus conducteurs eux-mêmes. C'est de cette façon, peut-être, que l'on pourrait expliquer " l'effet manchon " (Voir page 77).

Pour compliquer les choses, on a mis assez récemment en évidence l'effet, sur la croissance, d'autres hormones végétales différentes de l'auxine ou de l'hétéroauxine : les cytokinines et les gibberellines notamment, ainsi que diverses vitamines, lesquelles semblent du reste peu affectées par la lumière (GAUTHERET - 1959, JACQUIOT - 1964 et 1970).

Le déterminisme de la croissance, vu sous cet angle, est donc des plus complexes. Et, il faut bien le dire, le seul allongement des végétaux, en lumière réduite équilibrée ou à l'obscurité, a été très peu étudié dans ses mécanismes intimes. Pourtant, en matière forestière, ces cas se rencontrent fréquemment, avec une complication supplémentaire : seules les tiges restent ombragées, alors que les appareils foliacés restent en pleine lumière. C'est cette dissociation entre l'effet ralentisseur de la lumière sur la croissance, et l'effet stimulant de la même lumière sur la nutrition carbonée, qui constitue l'un des éléments essentiels, et caractéristiques du milieu forestier.

EFFETS DU RAYONNEMENT NATUREL SUR LA NUTRITION CARBONÉE, LA RESPIRATION ET LA TRANSPIRATION

Il n'y a pas très longtemps que le rôle primordial joué par le rayonnement solaire dans la nutrition carbonée des végétaux à chlorophylle a été mis en évidence. Les anciens auteurs avaient bien remarqué que l'ombre des grands arbres était peu favorable à la croissance des plantes diverses qui étaient situées sous leur couvert, mais ils attribuaient cet effet, non à l'absence de lumière, mais à une influence, *spécifiquement nuisible,* de cette ombre. PLINE L'ANCIEN, tout à fait au début de notre ère, expose très nettement cette opinion dans son " Histoire Naturelle ", livres XVI et XVII: " *Iuglandium quidem pinorumque et picearum et abietis quaecumque attingere non dubie venenum* " (En tous cas, l'ombre des noyers, des pins, des épicéas et des sapins est incontestablement un poison pour tout ce qu'elle touche). C'est sans doute dans ce sens (celui de la nocivité propre de l'ombre), qu'il faut interpréter les appréciations des forestiers français jusqu'à la fin du XVIIIe siècle, sur la nécessité de mettre en lumière les renaissances naturelles.

À cette époque, les travaux de PRIESTLEY, d'HINGENHOUSZ et de SENEBIER notamment, démontrèrent avec évidence que la lumière était indispensable à la nutrition et à la croissance de la plupart des végétaux. Mais les praticiens, forestiers et surtout agriculteurs, ne comprirent pas, immédiatement, l'importance exceptionnelle de ces découvertes. Vers le milieu du XIXe siècle, un agronome allemand éminent, THAER, affirme encore : " que l'humus est une partie constituante, plus ou moins importante du sol ; la fécondité du terrain dépend, à proprement parler, entièrement de lui. Car, si l'on excepte l'eau, c'est la seule substance qui, dans le sol, fournisse un aliment aux plantes ". Selon ces conceptions, qui constituaient la théorie de l'humus, le carbone, présent en abondance dans toutes les plantes, provenait d'une combinaison de l'acide humique du sol avec diverses bases, la chaux en particulier, et était absorbé principalement sous forme d'humate de chaux.

Il a fallu les remarquables travaux de LIEBIG, et en particulier la publication de son importante étude : " La chimie organique appliquée à l'agriculture et à la physiologie " (1840), pour restreindre considérablement le rôle de l'humus dans les pratiques agricoles et forestières, et pour mettre en évidence l'influence primordiale de l'énergie lumineuse.

Au centre du phénomène de la nutrition carbonée est placée la molécule de chlorophylle, de composition bien connue : $C_{55}H_{72}O_5N_4Mg$, pour la plus commune (forme a). Son caractère distinctif essentiel est l'atome de magnésium entouré de 4 atomes d'azote. À côté de la chlorophylle a, on rencontre une chlorophylle b de formule légèrement différente, associée à d'autres pigments plus simples, les carotènes et les xanthophylles. Toutes ces molécules sont rassemblées dans des " granas ", contenus eux-mêmes dans de très nombreux " chloroplastes " (plusieurs millions par centimètre carré de surface de feuille). La figure 21 représente, en coupe, une feuille de chêne pédonculé

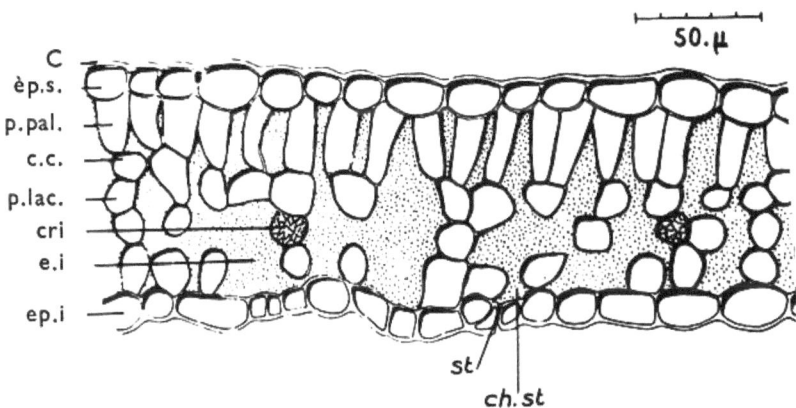

FIG. 21 — **Coupe d'une feuille de chêne pédonculé développée à l'ombre.**
C = cuticule
ep. 1 = épiderme supérieur
p. pal = parenchyme palissadique
c. c. = cellules collectrices
p. lac. = parenchyme lacuneux
cri = cristaux d'oxalate de calcium
ch. st = chambre sous-stomatique
st. = stomates
e. i. = espaces intercellulaires
ep. i. = épiderme inférieur.

(TRONCHET et GRANDGIRARD 1956)

développée à la lumière réduite (TRONCHET & GRANDGIRARD - 1956). Les chloroplastes sont localisés dans les cellules du parenchyme palissadique. Le rayonnement solaire, constitué d'un très grand nombre de photons (3 à 4.10^{21} par centimètre carré et par jour moyen) " excite " les molécules de chlorophylle (Voir page 12), qui, en restituant par palier l'énergie acquise, permettent la scission des molécules d'eau, absorbées dans le sol, en hydrogène et en oxygène, et la fixation de l'hydrogène sur le gaz carbonique puisé dans l'air, pour former principalement des glucides (du type: glucose, amidon, cellulose, etc...).

Ceci est l'analyse simplifiée de l'activité photosynthétique des végétaux à chlorophylle, mais on sait que des réactions intermédiaires, faisant intervenir des atomes de phosphore notamment, conduisent, en définitive, à la synthèse de la plupart des substances organiques indispensables à la vie des organismes supérieurs. Par ailleurs, seule une partie de la réaction nécessite un apport de radiations (Fig. 10), le surplus se déroule très bien à l'obscurité.

Voici, d'après CALVIN (Prix Nobel 1961), un schéma simplifié des réactions qui se déroulent à l'intérieur des cellules renfermant les chloroplastes :

Phase lumineuse

$$2\,H_2O + \boxed{\text{ÉNERGIE SOLAIRE}} \longrightarrow 2\,[H] + 2\,[OH]$$
eau absorbée — hydrogène réducteur — groupement oxydant

$$2\,[OH] \longrightarrow 1/2\,O_2 + H_2O$$
groupement oxydant — oxygène rejeté — eau résiduelle

(A multiplier par 12 pour intervention dans la réaction suivante)

Phase obscure

$$6\,CO_2 + 24\,[H] \rightarrow C_6H_{12}O_6 + 6\,H_2O$$
gaz carbonique absorbé — hydrogène réducteur — glucose synthétisée — eau résiduelle

On utilise souvent la formule simplifiée suivante qui permet de mettre en évidence les principaux éléments utilisés, mais ne rend pas compte de l'origine hydrique de l'oxygène rejeté :

$$6\,CO_2 + 6\,H_2O + \textit{ÉNERGIE SOLAIRE} \rightarrow C_6H_{12}O_3 + 6\,O_2$$
(264 gr) (108 gr) (675 Kcal) (180 gr) (192 gr)

On trouvera des exposés très détaillés des processus mis en cause, dans les ouvrages de RABINOWITCH (1945-1951), CALVIN & col. (1951), MOYSE (1952), BUVAT (1954), notamment.

La respiration, générale chez tous les êtres vivants (hommes, animaux, végétaux), est un processus de mobilisation de l'énergie, par lente oxydation des matières organiques synthétisées par les plantes vertes. Ces dernières n'échappent pas à cette règle, et ce processus se déroule, schématiquement, en sens inverse de la réaction indiquée ci-dessus (libération de 675 K.cal pour 180 gr de glucose oxydé).

On admet, en général, que les végétaux ne réutilisent guère, de cette façon, que 10 à 20 % des matières qu'ils ont préalablement synthétisées ; cependant, dans certains cas (jeunes arbres de haute montagne passant une partie de leur vie sous la neige), cette proportion peut atteindre 35 à 40 % (TRANQUILLINI - 1959). Cette énergie est utilisée pour divers besoins des plantes (réactions chimiques, phénomènes électriques, thermorégulation, croissance et mouvements, etc...). On est un peu revenu de l'opinion, émise autrefois par d'excellents auteurs, qui avançaient que la respiration des végétaux était un phénomène inutile, et même nuisible. Cependant, certains physiologistes continuent à penser que, en matière forestière, les phénomènes respiratoires dépassent largement, en intensité, ce qui serait strictement nécessaire à leur vie et à leur croissance (DADYKIN - 1964).

En ce qui concerne la photosynthèse et la respiration des végétaux ligneux, des études très poussées sont effectuées depuis une vingtaine d'années dans divers Instituts Botaniques, ou Stations de recherches forestières, grâce a des appareils dont beaucoup se rapprochent de l' " Ultrarot Absorptionschreiber " (U.R.A.S. des auteurs de langue germanique, et I.R.G.A. des auteurs de langue anglaise). La figure 22 le représente schéma d'installation, en laboratoire, d'un tel type d'appareil et qui va sommairement être décrit :

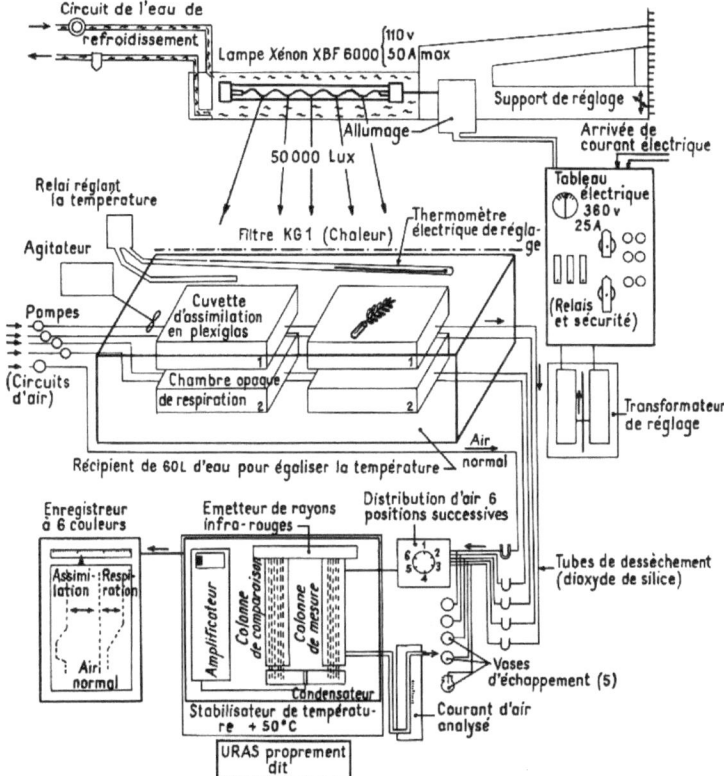

FIG. 22 - Installation d'un appareil U.R.A.S. de laboratoire, d'après un dessin de Mr WINKLER (Institut Botanique d'Innsbruck). Pour l'observation des végétaux ligneux dans leur station, seule la partie inférieure de l'appareil est utilisée.

A la partie supérieure du dessin est indiquée une source de lumière, donnant un éclairement réglable, et qui peut atteindre 50 000 lux au maximum, avec un bac d'eau distillée pour le refroidissement, et avec un filtre spécial destiné à retenir les rayons dont l'effet est purement calorifique. On ne peut travailler à proximité de cet appareil que muni de lunettes protectrices.

Dans la partie centrale sont placés les rameaux, pourvus de feuilles ou d'aiguilles, prélevés très récemment sur les espèces à étudier, et qui sont alimentés en eau pendant toute la durée de chaque expérience. Les cuvettes, transparentes ou opaques, qui les contiennent sont maintenues à une température chaque fois bien déterminée.

À la partie inférieure, est l'analyseur de gaz proprement dit. L'air, ayant été au contact des végétaux en expérience, et enrichi plus ou moins en gaz carbonique, est soumis à un rayonnement infrarouge qu'il absorbe partiellement. Le surplus arrive à une chambre à gaz, et de la dilatation de celui-ci, amplifiée électroniquement, et inscrite sur un enregistreur continu, on déduit les variations des phénomènes de photosynthèse et de respiration. 4 rameaux peuvent, dans le dispositif reproduit, être étudiés en même temps : 2 pour la seule respiration et 2 pour l'ensemble : photosynthèse/respiration.

Quand on opère sur des arbres situés dans leur milieu naturel (sujets de petites dimensions placés sous des cloches refroidies ou rameaux attenants à des arbres adultes, mis dans des cuvettes étanches et climatisées), seule la partie inférieure de l'appareil est utilisée pour l'analyse de l'air, avec une précision généralement admise de ± 3 %. La figure 23 représente le type de résultats que l'on obtient avec l'appareil U.R.A.S., dans le cas du pin arolle des Hautes Alpes Autrichiennes (1900 m d'altitude). Sous 12 000 lux, l'assimilation brute de gaz carbonique commence à -5°C, puis elle s'accroît rapidement jusqu'à +10 ou +12°C environ, et plus lentement par la suite. La respiration, infime aux

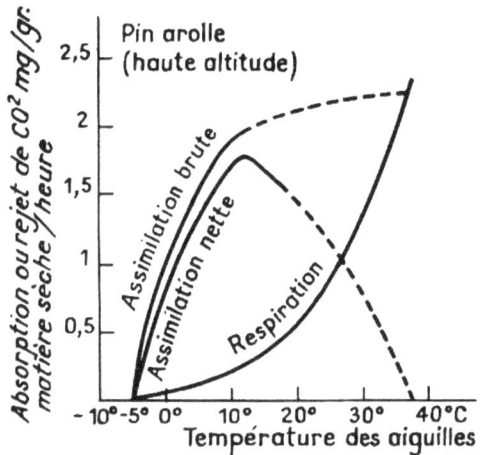

FIG. 23 - Assimilation carbonée, brute et nette, et respiration du pin arolle dans les Hautes Alpes Autrichiennes (1900 m), sous un éclairement d'environ 12 000 lux (TRANQUILLINI 1955).

basses températures, est majorée de plus en plus quand la température s'élève. Il en résulte une " courbe en cloche " d'assimilation nette, qui culmine vers + 12°C, pour décroître ensuite et s'annuler vers +38°C (température des aiguilles) (TRANQUILLINI - 1955).

Des familles de courbes ont été établies également pour l'épicéa commun de haute montagne (1800 m d'altitude) et de basse montagne (600 m d'altitude). La figure 24 représente les résultats obtenus dans ce dernier cas. On remarque que la photosynthèse nette augmente régulièrement avec l'intensité de l'éclairement, et que la température optimale se déplace en même temps. Ainsi, sous 3000 lux, cette température optimale est de +10°C environ. Sous 10 000 lux, la température optimale est voisine de + 15°C, et sous 30 000 lux, elle atteint + 18°C environ. La quantité de gaz carbonique assimilé passe de 0,8 mg/gramme d'aiguilles sèches/heure, à 2,65 mg, aux éclairements les plus élevés (PISEK et WINKLER 1959).

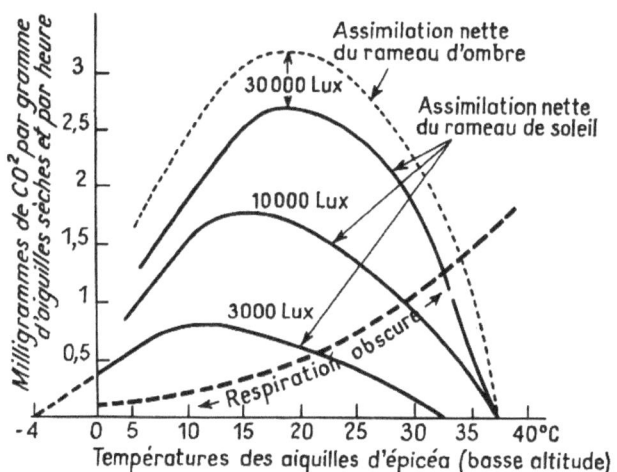

FIG. 24 - Variations, en fonction de la lumière et de la température, de l'assimilation nette et de la respiration, chez l'épicéa commun de basse altitude (600 m) - (PISEK et WINKLER 1959).

Les aiguilles d'ombre (développées à l'intérieur des cimes, ou dans les parties les moins bien éclairées habituellement de l'extérieur de celles-ci) ont une assimilation nette supérieure (+25% environ) à celle des aiguilles développées en pleine lumière, par unité de poids sec. Selon LARCHER (1969), ceci est dû à une modification de la structure de ces aiguilles, et à une forme un peu différente.

Si l'on compare les résultats ci-dessus avec ceux obtenus sur la variété d'épicéa commun de haute montagne, développé sous des conditions climatiques plus rigoureuses, et sous une lumière moyenne plus élevée, on observe de façon constante que les aiguilles du second sont moins actives, d'environ 10%, par unité de poids, et sous un éclairement identique. Ce qui correspond certainement à une adaptation, de l'espèce de haute montagne, aux conditions particulières de son habitat.

Il est à noter que le pin arolle, comme l'épicéa commun, qui conserve ses aiguilles pendant plusieurs années, est susceptible de manifester une activité photosynthétique notable, en n'importe quelle saison, pourvu que certaines conditions de lumière et de température soient remplies. Mais il semble cependant qu'en lumière égale, leur capacité d'assimilation carbonée soit un peu plus forte pendant la belle saison, qu'en hiver (PISEK & WINKLER - 1959, TRANQUILLINI - 1955). Le froid intense peut ralentir, de façon durable, cette activité.

Les résineux à aiguilles caduques (le mélèze en particulier) ont, à égalité de poids d'aiguilles sèches, une activité photosynthétique très supérieure (de 3 à 5 fois) à celle des résineux à aiguilles persistantes, en lumière égale. La température optimale d'assimilation nette est, également, plus élevée chez les premiers que chez les seconds. (Fig. 25).

Ce comportement correspond vraisemblablement aux conditions de vie du mélèze d'Europe, qui porte des aiguilles pendant un temps assez court, alors que l'épicéa commun d'altitude, situé à proximité, conserve ses aiguilles pendant toute l'année. Ceci fait qu'en définitive, et en conditions égales, les vitesses de croissance, en hauteur et en volume, ne sont pas très différentes (PACK - 1967, LARCHER - 1969).

Sur la figure 25 on peut relever la même différence de comportement entre deux chênes méditerranéens, l'un à feuilles caduques, l'autre à feuilles persistantes, dans la région du Lac de Garde (LARCHER - 1961):

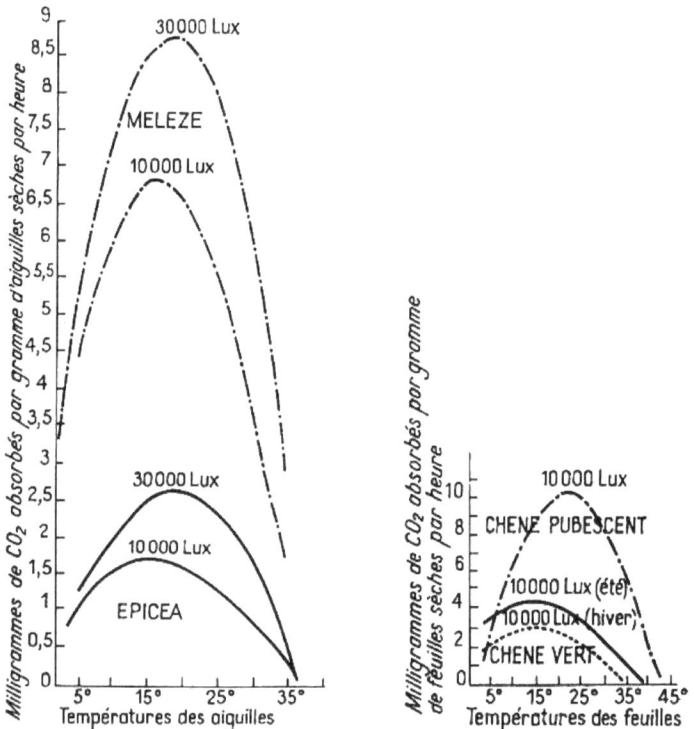

FIG. 25 - Activité photosynthétique nette comparée de 2 résineux (mélèze d'Europe - 1000 m, et épicéa commun 600 m), **et de 2 feuillus** (chêne pubescent et chêne vert - Lac de Garde). (LARCHER 1961, PACK 1967).

Le chêne vert, à feuilles persistantes, a une activité photosynthétique modérée pendant toute l'année, mais plus forte en été (4,8 mg de gaz carbonique assimilé par gramme de feuilles sèches et par heure), qu'en hiver (3 mg de gaz carbonique assimilé par gramme de feuilles sèches et par heure) sous un même éclairement de 10 000 lux. Le chêne pubescent, à feuilles caduques, dès que l'alimentation en eau est suffisante, manifeste en été une activité photosynthétique nettement plus élevée (plus de 10 mg de gaz carbonique assimilé par gramme de feuilles sèches et par heure, sous 10 000 lux également). La similitude de comportement entre les deux sortes d'arbres, résineux et feuillus, suivant qu'ils conservent ou non leurs appareils foliacés en hiver, est frappante. LARCHER a relevé, en outre, dans le cas du chêne vert (et de l'olivier), une sorte de tendance à la thermorégulation, par modification, inversée en hiver par rapport à l'été, du rythme de leurs activités photosynthétique (captant l'énergie), et respiratoire (libérant cette même énergie).

De toutes façons, l'allure, très généralement, " en cloche " de la courbe représentant l'intensité de l'assimilation chlorophyllienne nette par rapport à la température des aiguilles ou des feuilles, incite à penser que chacune des variétés des principales espèces ligneuses étudiées trouve seulement dans un type de station bien déterminé les conditions les meilleures pour sa croissance. C'est surtout sur le versant des montagnes que l'on enregistre, en lumière extérieure à peu près égale, une lente diminution de la température moyenne de l'air et du sol, donc des aiguilles et des feuilles, en relation avec l'accroissement de l'altitude. On peut ainsi mieux comprendre la présence " d'étages de végétation " (BAUMGARTNER - 1962).

Dans un travail d'ensemble très documenté, LARCHER (1969) donne divers renseignements, malheureusement encore incomplets, sur l'analyse de ces phénomènes telle qu'elle a été effectuée sur une centaine d'espèces d'arbres, par près de 200 chercheurs. Voici, uniquement en ce qui concerne l'Europe Occidentale, quelques-uns des chiffres cités. On a pris comme unité le nombre de mg de gaz carbonique assimilé en une heure, par gramme d'aiguilles sèches (résineux) ou par décimètre carré de feuillage simple face (feuillus), dans les conditions optimales de chaque espèce, et en utilisant des méthodes analogues :

Résineux		*Feuillus*	
Épicéa commun	= 3 à 5	Chêne pédonculé	= 10 à 11
Mélèze d'Europe	= 9 à 15	Chêne pubescent	= 13
Pin arolle	= 3 à 4	Frêne commun	= 20
Pin sylvestre	= 5 à 7	Hêtre commun	= 10 à 12
Sapin pectiné	= 5 à 8	Peuplier euraméricain	= 15 à 25
		Peuplier tremble	= 20

N.B. Il s'agit uniquement des aiguilles ou des feuilles développées en pleine lumière. On pourra se reporter également à la figure 50 (Hêtre et Chêne vert)

Comment se présente, d'une façon générale, le bilan de ces deux activités, un peu opposées, de la photosynthèse et de la respiration, et quelle proportion des matières photosynthétisées est pratiquement utilisée pour la croissance de l'arbre ? W. TRANQUILLINI (1959) a tenté une étude de ce genre pour le jeune pin arolle de haute altitude (1800 à 1900 m). Voici les résultats généraux qu'il a obtenus, et qui sont matérialisés, du reste, par la figure 26 :

En un an, un gramme d'aiguilles sèches de pin arolle absorbe assez de gaz carbonique pour élaborer 3,60 grammes de matières organiques. Mais, une partie importante de cet accroissement potentiel est réutilisée pour la respiration annuelle des aiguilles, du tronc, des branches et des racines (en équivalent de matières sèches : 1,37 gramme, soit 38%). La construction même du jeune arbre utilise en une année 0,65 gramme de matière sèche (soit 18 %) et, dans ce chiffre, la tige seule n'intervient que pour 0,14 gramme (soit 4 %). Enfin,

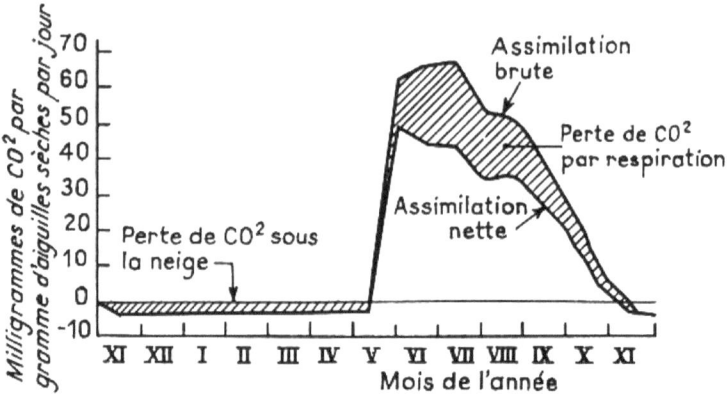

FIG. 26 - Variations, au cours d'une année complète, de l'assimilation brute et nette, ainsi que de la respiration, chez le jeune pin arolle de haute altitude (1800 à 1900 m) (TRANQUILLINI 1959).

1,58 gramme (soit 44 %) est utilisé chaque année à des fins diverses (mise en réserve, nutrition des mycorrhizes associées, sécrétions radiculaires, etc ...). Évidemment, cet exemple est pris dans des conditions générales très dures, en raison de la rigueur du climat, de la persistance de la neige et du temps de fonctionnement réduit des aiguilles. Mais il est intéressant de relever la part extrêmement faible consacrée, réellement, par le jeune arbre, à sa croissance apparente.

Souvent étudiée d'une façon spéciale, la transpiration, ou rejet, en général à l'état de vapeur, d'eau par les stomates des feuilles des végétaux (et parfois, un peu du reste, à travers les autres tissus), s'insère incontestablement dans l'ensemble des activités reliées à la nutrition de l'arbre. L'eau intervient dans la réaction même de la photosynthèse (voir page 54) - elle apporte les matières minérales du sol, dissoutes, et indispensables à l'élaboration des substances organiques -, elle facilite aussi la circulation des matières synthétisées, plastiques et oligodynamiques. La transpiration est donc à la base de tous ces phénomènes de transfert.

Elle s'effectue principalement, on l'a dit, par les stomates (Fig. 21), et tant qu'ils sont ouverts, les échanges gazeux indispensables à la photosynthèse et à la respiration peuvent s'effectuer. Quand, par manque d'approvisionnement en eau du sol, les organes foliacés ont tendance à se dessécher, les stomates se ferment et la plus grande partie des échanges gazeux est arrêtée. En réalité, les divers tissus de la plante ne sont pas absolument étanches, aussi bien pour l'eau que pour les gaz, mais comme ces tissus sont protégés par des formations spéciales (épiderme, avec la cuticule, suber aussi), les échanges avec le milieu extérieur sont alors considérablement réduits.

On peut penser également que, d'une certaine façon, les aiguilles et les feuilles jouent un peu le rôle du radiateur d'une voiture automobile. On sait qu'il ne faut pas que ces organes atteignent des températures trop élevées, car leur activité photosynthétique nette est alors considérablement réduite, et ils peuvent même être complètement détruits par l'excès de chaleur. Or, le rayonnement naturel tend constamment à les échauffer. Les aiguilles des résineux ont une surface très faible ; les feuilles, plus larges, rejettent vers le ciel (albédo) une partie des rayons incidents, et en réémettent vers le sol, surtout dans les grandes longueurs d'onde (infrarouges).

Mais tout ceci peut être insuffisant et la transpiration intervient alors pour réutiliser une partie, souvent importante, du rayonnement naturel absorbé. Un hectare d'épicéa commun transpire, par un beau jour d'été, près de 40 m3 d'eau et il utilise, pour cette opération, 2. 10^{10} calories environ, soit de 40 à 50 % de l'éclairement énergétique incident. TRANQUILLINI (1964) a effectué des expériences tout à fait significatives à ce sujet, au phytotron d'altitude du Patscherkofel, en utilisant de jeunes mélèzes d'Europe. Leur transpiration, en conditions normales, peut abaisser de près de 10°C la température de leurs aiguilles, par rapport à celle des sujets chez lesquels cette même transpiration avait été fortement ralentie. Dans ces expériences, la photosynthèse nette des jeunes mélèzes, transpirant normalement, est 2 à 3 fois plus élevée que celle des mêmes sujets, à transpiration artificiellement réduite. Ce genre d'études est très délicat, et encore peu développé ; cependant, les résultats obtenus paraissent absolument logiques.

Pour conclure cette étude, assez copieuse, de ces très importants phénomènes de nutrition carbonée, on peut se poser la question suivante : quel est le rendement énergétique de la photosynthèse ?

Pratiquement, et en considérant l'éclairement énergétique moyen reçu en une année par un hectare de forêt, dans le Nord-Est de la France (10^{13} calories), et l'énergie incorporée dans la matière ligneuse sèche extraite en moyenne, chaque année, sur cet hectare, on obtient un chiffre faible, soit 0,2%. En Agriculture, GESLIN & BOUCHET (1967) aboutissent, en suivant le même raisonnement, au même résultat, soit 0,2%.

Mais, si l'on considère l'énergie réellement absorbée pendant la seule période de végétation la plus active (de mai à septembre pour les arbres feuillus), et la totalité de la biomasse produite (troncs, racines, branches et feuillages), on arrive à des chiffres nettement plus élevés, soit 3, 4 ou 5 %, parfois même un peu plus (GALOUX - 1963). Le résultat dépend, évidemment, de la façon dont le problème est envisagé.

Il est à noter aussi que certains chercheurs commencent à utiliser, pour l'étude de la production ligneuse, les méthodes qui ont fait leurs preuves en thermodynamique. La notion d'entropie, en particulier, a été récemment introduite en sylviculture (PRIGOGINE & WIAME, PATTEN - 1959, GALOUX - 1963, FLOROV - 1966 à 1969). Cette voie nouvelle paraît intéressante, à condition de considérer l'entropie comme une notion de mathématique (et plus spécialement de thermodynamique), et non comme un principe un peu mystérieux, ou même métaphysique, ainsi que le voudraient certains esprits trop imaginatifs.

AUTRES EFFETS DU RAYONNEMENT NATUREL

On pourrait évoquer bien d'autres effets du rayonnement naturel sur la végétation :

Chaleurs excessives - Le dessèchement, et même la nécrose peuvent être provoqués par une insolation excessive, spécialement dans les régions méridionales (MOULOPOULOS - 1955 pour le sapin de Céphalonie, en Grèce). Dans les Apennins, on a signalé une adaptation très intéressante du sapin pectiné, qui, se développant dans des stations bien éclairées, renforce ses formations de protection (cuticule, épiderme, suber) pour se protéger contre l'excès de rayonnement, et pour réduire considérablement la transpiration, au niveau de sa tige, en réservant toute l'eau disponible pour les stomates de ses aiguilles (GIACOBBE - 1969). Ce qui conduit cet auteur à avancer qu'une dose très forte de radiations peut, en définitive, mener à une meilleure utilisation de l'eau du soi.

Froids excessifs - Le rayonnement vers le ciel, surtout nocturne, de la terre et des formations végétales qui la recouvrent, provoque les gelées printanières, nuisibles aux seules pousses de l'année, et également, mais plus rarement, des gelées hivernales intenses qui détruisent les appareils foliacés (- 35 à -40°C pour l'épicéa d'altitude, -10 à -12°C pour le chêne vert, etc...). Des afflux d'air polaire froid peuvent, du reste, avoir les mêmes conséquences (TRANQUILLINI - 1958, LARCHER - 1961 à 1969).

Dépérissement des feuillages inférieurs - La forte réduction du rayonnement, dans les régions inférieures des peuplements très denses, qui diminue l'intensité de la photosynthèse, s'accompagne, dans certaines limites, d'une adaptation des organes foliacés, lesquels ont un " coefficient d'utilisation du rayonnement " de plus en plus élevé. Ainsi, tant que les aiguilles ou les feuilles restent vivantes, le bilan photosynthétique reste, la plupart du temps, positif : l'assimilation chlorophyllienne brute, même faible, est supérieure à la respiration (PISEK & WINKLER - 1954, LARCHER - 1969).

Mais, quand l'intensité moyenne du rayonnement naturel devient trop faible, les organes foliacés meurent, les rameaux qui les supportent se dessèchent et tombent, contribuant ainsi à l'élaboration de la " forme forestière ", caractéristique des arbres de futaie (POLGE - 1969), (JACQUIOT - 1970).

Minéralisation de l'humus - On sait que le processus de minéralisation de l'humus brut, le rendant soluble et assimilable par les végétaux, dépend de l'activité de microorganismes, présents en permanence dans les sols forestiers (types nitrosomonas et nitrobacter par exemple). Par ailleurs, divers autres organismes microscopiques exercent, au niveau de la zone d'absorption des racines, des actions complexes, qui peuvent du reste être tout aussi bien stimulantes, qu'inhibantes pour la végétation. Or, le rayonnement naturel, parce qu'il apporte aussi de la chaleur, favorise, en général, l'activité biologique des sols. Cet effet est particulièrement frappant dans les forêts d'altitude, au climat relativement froid, et dans lesquelles la minéralisation de l'humus brut se déroule d'une façon ralentie. Une trouée, multipliant l'intensité du rayonnement par 4 ou par 5, souvent davantage, accentue nettement la vitesse de cette minéralisation (DUCHAUFOUR - 1953).

Mutations génétiques - Les radiations de haute énergie (X, gamma, etc...) peuvent, on le sait, quand elles atteignent des cellules reproductrices, provoquer des mutations génétiques héréditaires, par action perturbatrice sur les molécules de l'acide désoxyribonucléique surtout, constituant principal des chromosomes. Très souvent défavorables, ces mutations peuvent, de temps en temps, donner naissance à des lignées intéressantes en sylviculture. Mais le rayonnement naturel reçu au niveau du globe terrestre renferme très peu de ces radiations de très haute énergie.

Cependant divers auteurs estiment que, dans certaines conditions, les rayons ultraviolets les plus actifs (l'énergie d'un photon peut y atteindre 4 eV) sont capables de provoquer, eux-mêmes, des mutations de ce genre, quand ils peuvent parvenir jusqu'aux chromosomes.

Bioluminescence - *Un* phénomène très curieux, en photobiologie, est celui de l'émission de lumière par certains organismes vivants. Cette bioluminescence, génératrice de radiations de courte longueur d'onde en général, se rencontre parfois dans le milieu forestier (champignon bien connu appelé " armillaria mellea ", se développant sur des troncs de hêtre en décomposition, par exemple). On ne voit pas très bien l'intérêt pratique de ce phénomène en sylviculture, mais, du point de vue théorique, il a retenu l'attention de certains physiologistes, qui y voient les derniers vestiges d'un processus de mobilisation de l'énergie, à très haut rendement, et qui aurait, peu à peu, au cours des âges géologiques, été remplacé par la classique respiration (Mc ELROY et SELIGER - 1962).

CHAPITRE IV

Effets pratiques globaux de l'ensemble du rayonnement naturel sur les végétaux

Les divers effets physiologiques partiels du rayonnement naturel sur les végétaux (ligneux et autres, du reste) qui ont été examinés au chapitre précédent, ne sont pas toujours systématiquement dirigés dans le même sens. Parfois même, les actions sont opposées (photosynthèse et respiration - ou bien : nutrition et croissance, par exemple). On l'a déjà dit, le moyen le plus efficace pour résoudre ces problèmes consisterait à soumettre chaque variété de chaque espèce à étudier, placée dans des conditions de stations par ailleurs identiques, à des rayonnements d'intensité différente, et à observer leurs réactions globales.

Malheureusement, dans le milieu naturel, chaque station se présente avec un ensemble de caractères physiques et biologiques, dont il est impossible de ne pas tenir compte, et qui peuvent intervenir dans les réactions d'ensemble mentionnées. Cette remarque élargit considérablement le problème et le place sur un plan écologique général.

LE CORTÈGE DES FACTEURS ÉCOLOGIQUES

Les facteurs les plus importants, du point de vue de la croissance des végétaux, peuvent être rangés en diverses classes :

- les facteurs énergétiques, qui sont spécialement intéressants dans le cadre de cette étude : le rayonnement solaire, direct et diffusé, dans sa durée, son intensité, et sa composition - la lumière, partie visible de ce rayonnement et spécialement active sur certaines des fonctions des végétaux -, la chaleur qui détermine la température de l'air, du sol, et des organes foliacés ;

- les facteurs hydriques : répartition et importance des précipitations, suivant leur nature (pluies, neige, rosée), conditionnant l'humidité du sol, l'état hygrométrique de l'air, la vitesse d'évaporation de l'eau reçue, l'intensité de la transpiration ;

- les facteurs atmosphériques : teneur de l'air en gaz carbonique, et en diverses autres substances, sa vitesse et son état électrique notamment ;

- les facteurs édaphiques : structure physique et composition chimique des sols, déterminant leurs conditions d'aération, leurs capacités en eau disponible et leurs points de flétrissement, ainsi que leurs richesses en matières minérales solubles ;

- les facteurs biotiques : concurrence des parties aériennes et souterraines des végétaux en place - activité des organismes inférieurs, ainsi que celle de tous les êtres plus complexes, souvent nuisible, pour arriver à celle de l'homme, qui est parfois très marquée.

Le végétal intègre toutes ces actions, et il est souvent très difficile de déterminer, à première vue, la part de chacune d'elles.

Cependant, en utilisant des dispositifs simples, comme les cases de végétation par exemple, on peut réduire souvent d'une manière sensible le nombre des inconnues. En effet, des caissettes, remplies d'un sol naturel identique prélevé dans une large clairière (donc déjà minéralisé au mieux), à fond finement perforé pour permettre la circulation de l'eau dans les 2 sens, recouvertes pendant quelques années d'un fin grillage pour diminuer l'action nuisible des prédateurs de plus grande taille, au besoin soumis à des traitements antifongiques, ou à des insecticides légers, soustrayant les végétaux à l'étude de la concurrence des racines des grandes arbres voisins, réduisent très sensiblement l'influence des deux derniers facteurs. Par ailleurs, dans les quelques dizaines de mètres qui séparent les caissettes, on peut estimer que la composition générale de l'atmosphère varie peu (ceci sous les réserves indiquées un peu plus loin). Seule change d'une façon notable la vitesse du vent ; quant à l'état électrique de l'atmosphère, si des variations assez importantes ont été enregistrées, on dira que son influence réelle sur la végétation est actuellement très controversée.

Les deux variables principales restant en présence sont, incontestablement, les facteurs énergétiques, et les facteurs hydriques et il importe de tenir compte de ce fait.

On remarquera, en premier lieu, que selon l'opinion générale des climatologistes, ces deux facteurs varient, en gros, en sens inverse. Dans les Alpes, on oppose classiquement les " adrets ", mieux éclairés et plus secs, aux " ubacs ", plus ombragés et plus humides. Dans les Pyrénées, ce sont les " soulanes " et les " ombrées " qui présentent la même opposition de caractères.

Dans le milieu forestier, on devrait donc enregistrer, aussi bien dans des stations naturelles, que dans des caissettes de végétation, le même balancement entre ces deux sortes de facteurs. Peu de recherches ont été effectuées en France sur ce problème, mais des observations systématiques, souvent de longue durée, effectuées à l'étranger, apportent une confirmation générale à cette prise de position.

Variations de quelques facteurs physiques dans le milieu naturel

GÖHR & LÜTZKE (1956) - *Mesures effectuées au début de l'automne, dans une forêt de pin sylvestre près de Berlin.*

	Sous un jeune perchis dense		Dans une grande trouée	
Température du sol	9,9 C	{ 11,6°C { 8,4 C	11,9°C	{ 25,7°C { 1,9 C
Etat hygrométrique de l'air		diminuant légèrement		
Evaporation et transpiration potentielles au niveau du sol	12 à 22%		100%	

BAUMGARTNER (1956) — *Mesures effectuées en été dans une plantation dense d'épicéa et en plein découvert, près de Munich.*

	Sous la plantation	En plein découvert
Rayonnement relatif	5%	100%
Température de l'air	{ 18,3°C { 15,9°C	{ 22,3 C { 18,9 C
Température du sol		
à 2 cm	15,2°C	17,9°C
à 30 cm	11,2°C	14,9 C
Humidité relative de l'air (état hygrométrique)	79 à 90%	63 à 76%
Rosée	0,5 mg/cm^2	8 mg/cm^2
Evapo-transpiration potentielle	26%	100%
Humidité du sol par rapport à la saturation		
de 0 à 5 cm	51 à 73%	35 à 60%
de 25 à 30 cm	35 à 60%	31 à 42%
Vitesse du vent	1	3—4—5

BRECHTEL (1965) — *Mesures effectuées en été dans une forêt clairiérée de pin sylvestre aux environs de Hanovre*

		En forêt (moyenne)	En plein découvert
Eclairement relatif		65%	100%
Devenir des précipitations	% retenu par les cimes	14%	0%
	% recueilli dans le sol	28%	16%
	% évaporé ou transpiré	58%	84%

Variations de quelques facteurs physiques dans des cases de végétation installées en forêt

L OGA N (1959) - Mesures effectuées dans des cases de végétation, plantées de pin Weymouth, dans la région de Chalk river, au Canada.

La figure 27 schématise les résultats obtenus (5 degrés de rayonnement relatif - répétition - $s^{\circ\circ}$)

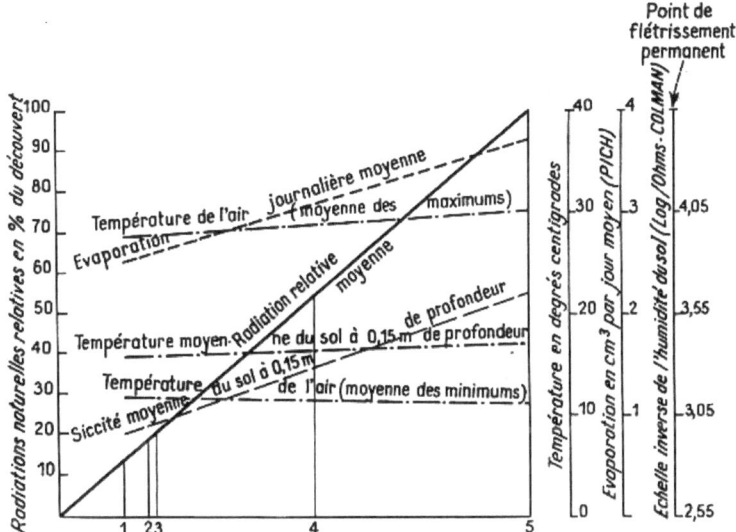

FIG. 27 - **Variations simultanées des divers facteurs écologiques dans des cases de végétation** (n° 1 à 5), **en milieu naturel** (adapté de LOGAN 1959)

BURSHEL & SCHMALTZ (1965) - Mesures effectuées dans des cases de végétation plantées de hêtre, dans la région de Göttingen. 2 types de sol : lœss et calcaire (5 rayonnements relatifs différents, répétition - $S^{\circ\circ}$).

Types de caissettes	(4)	(3)	(2)	(1)	(0)
Rayonnement relatif moyen en été	1%	12%	18%	77%	100%
Température relative moyenne de l'air en été	98%	_	_	_	100%
Température relative moyenne du sol en été	87,5%	90,5%	90%	100,5%	100%
Précipitations relatives moyennes reçues au sol en été	18%	25%	63%	93%	100%
Humidité relative moyenne du sol en été	130%	117%	126%	104%	100%

Comme on le voit, aussi bien dans le milieu naturel que dans les cases de végétation installées en forêt, le rayonnement relatif (ou l'éclairement relatif) le plus élevé correspond à la température du sol et de l'air la plus haute (avec une " fourchette " plus étendue), aux précipitations atteignant le sol les plus abondantes (fait confirmé par AUSSENAC - 1968), mais aussi à l'évapotranspiration au niveau du sol la plus intense, et, très souvent, à l'état hygrométrique de l'air et au taux d'humidité du sol les plus bas.

Il semble donc bien y avoir, conformément à ce qui a été dit au début de ce paragraphe, une sorte de " balancement " entre les facteurs énergétiques et les facteurs hydriques, dans le milieu forestier. On retrouve, en quelque sorte, cette opposition du YANG et du YINN, l'une des bases de la vieille tradition philosophique chinoise.

Cependant, dans certains cas (précipitations annuelles modérées, et sol très filtrant), certains auteurs, en faisant des prélèvements dans la zone même d'absorption des racines des grands arbres du peuplement, ont trouvé un pourcentage d'humidité du sol un peu plus faible sous bois, qu'au milieu d'une large trouée (VOJT - 1968). Toutefois, cet auteur, ayant isolé un certain nombre de placettes par des fossés latéraux (supprimant ainsi l'absorption radiculaire), trouve alors, dans le même milieu, qu'il n'y a plus aucune différence significative entre le sous-bois et la trouée.

Dans ces conditions, si dans une région où les précipitations annuelles sont normales, ou assez abondantes (type Jura ou Vosges), on constate, surtout en cases de végétation, que la croissance des arbres s'améliore quand le rayonnement relatif augmente (alors que le pourcentage d'humidité du sol diminue), on aura de bonnes raisons de penser que ce n'est pas, dans ce cas, l'eau qui est le facteur limitant dans le sous-bois, mais bien l'intensité du rayonnement naturel.

Évidemment, dans le cortège des facteurs écologiques, d'autres éléments peuvent intervenir. La teneur de l'air en gaz carbonique notamment, qui favorise, sans aucun doute, la photosynthèse (jusqu'à un taux au moins 10 fois plus fort que celui que l'on rencontre, en général, dans la nature), est en général un peu plus élevée dans les sous-bois denses (0,040 à 0,045 %) que dans les vastes trouées (0,030 % environ). Ces résultats ont été confirmés par divers auteurs (WIANT - 1960, MITSCHERLICHD - 1963, KOBAK - 1964). Mais, si ce facteur était déterminant, on devrait trouver que le microclimat des sous-bois est plus favorable à la croissance des très jeunes arbres, que le plein découvert ; or, pour anticiper un peu sur ce qui sera exposé un peu plus loin, c'est en général le contraire que l'on constate.

Quant à l'état électrique de l'atmosphère, variant également avec le couvert, ses effets sur la croissance des végétaux sont controversés. On rappellera qu'en rase campagne, la différence de potentiel est d'environ 100 volts par mètre de hauteur, la terre étant à un potentiel négatif, et l'atmosphère à un potentiel positif. Toutefois, la quantité d'électricité en cause étant très faible, cette différence de potentiel ne peut être utilisée industriellement. Avec la découverte des premiers phénomènes électriques, divers chercheurs (NOLLET - 1746, BERTHOLON - 1783) avaient signalé l'effet heureux, sur la végétation, d'appareils simples qui plaçaient des petites plantes dans un état électrique positif plus élevé que celui qui les entourait habituellement (électrovégétomètre). GRANDEAU (1977- 1878), en utilisant des cages de Faraday (maintenant autour des végétaux un état électrique voisin de celui du sol), observait, à l'inverse, que les sujets placés dans la cage étaient moins développés (d'environ 30 %) que ceux qui restaient en atmosphère libre. Des expériences systématiques d'électroculture furent effectuées en 1918-1922, sous la direction de BRETON et de R. HEIM, sur diverses plantes cultivées, et il faut dire que les résultats ont été très irréguliers, de telle sorte qu'aucune conclusion n'a pu être tirée de ces nouveaux essais. En 1950-1951, des jeunes résineux ont été placés sous une cage de Faraday, alors que d'autres, du même âge, demeuraient comme témoins.Aucune différence notable n'a été trouvée entre les deux catégories de sujets: il a même semblé que, dans la cage de Faraday, les épicéas étaient très légèrement plus développés que ceux qui étaient situés à côté, ce qui était contraire aux résultats des expériences de GRANDEAU - ROUSSEL - 1953. La question reste pendante, et il serait peut-être utile de recommencer, d'une façon systématique, des recherches dans cette direction.

RÉACTIONS DES VÉGÉTAUX AUX VARIATIONS DU RAYONNEMENT NATUREL

Influence du rayonnement naturel sur la composition de l'étage inférieur des sous-bois

Sous le couvert des arbres feuillus, très abondants dans les régions de plaine et de colline de l'Europe Occidentale, règne un microclimat caractérisé par des jours courts et un rayonnement d'intensité non négligeable dès le milieu de l'hiver et au premier printemps, et par des jours longs et un rayonnement d'intensité plus réduite, pendant la belle saison (Voir page 44 ci-dessus). Ce sont les conditions idéales pour le développement des plantes " vernales " de jours courts (nyctopériodiques selon la classification de CHOUARD) et qui ont été bien étudiées, dans les Ardennes Belges, par GALOUX (1963).

ADDENDUM

"Le nyctopériodisme de la primevère, et des plantes vernales, en général, n'est qu'apparent. En fait, Selon P. CHOUARD (1971), il s'agit la plupart du temps de plantes aphotopériodiques, affectées d'une dormance levée par le froid hivernal".

Voici comment se développent, et fleurissent, à cette époque, certaines des plantes caractéristiques des sous-bois feuillus :

Début mars (Rr voisin de 50 % au niveau du sol) - Feuilles développées et Fleurs entrouvertes

Narcissus pseudonarcissus - Scilla bifolia - Anemone nemorosa.

Fin mars (Rr voisin de 40 % au niveau du sol) - Feuilles développées et Fleurs entrouvertes

Primula veris - Adoxa moschatellina - Viola silvestris - Cardamine pratensis - Mercurialis perennis.

Début mai (Rr voisin de 20 % au niveau du sol) -Feuilles développées et Fleurs entrouvertes

Arum maculatum - Ranunculus auricomus - Lamium galeobdolon - Polygonatum multiflorum - Orchis maculata — etc...

N.B. : La valeur du *Rr* a été déterminée dans un travail ultérieur de cet auteur.

En 1951, ROUSSEL, étudiant la composition de l'étage inférieur de la végétation d'une sapinière des hautes chaînes du Jura (altitude 1000 m) a donné, dans 5 stations naturelles où le rayonnement relatif avait été mesuré, grâce à des observations de longue durée, les résultats suivants au début du mois de juillet, et présentés selon la classification de RAUNKIAER.

État de la végétation au début de juillet 1951

(relevés sur environ 25 m^2 par Station)

PARCELLE 12: 1,22% de radiations.

Sous-bois de sapins - Sol type rendzine forestière fraîche et profonde.

STRATE ARBORESCENTE:

P *Abies alba* Mill.	95%
P *Picea excelsa* Link.	5%

STRATE ARBUSTIVE:

P *Rubus saxatilis* L.	+	1
P *Sorbus aucuparia* L.	+	1
P *Lonicera nigra* L.	+	1
P *Vaccinium myrtillus* L.	+	1

STRATE HERBACÉE:

H *Carex silvatica* Huds.	+	1
P *Abies alba* semis de l'année et semis de 4 à 5 ans	+	1
P *Picea excelsa* peu développés et à pousses minuscules	+	1
G *Maianthemum bifolium* (L.) F. W. Sch.	+	1
G *Paris quadrifolia* L.	+	1
G *Orchis maculata* L.	+	1
G *Anemone nemorosa* L.	+	1
H *Cardamine pratensis* L.	+	1

H *Vicia sepium* L.	+	1
H *Geranium robertianum* L.	+	1
H *Oxalis acetosella* L.	3	2(*)
H *Mercurialis perennis* L.	+	1
H *Viola silvestris* (Lam.) Rchb.	+	1
H *Epilobium montanum* L.	+	1
H *Primula elatior* L.	+	1
G *Asperula odorata* L.	+	1
H *Phyteuma spicatum* L.	+	1
H *Crepis paludosa* (L.) Vill.	+	1
H *Cicerbita muralis* (L.) Wallr.	+	1
H *Hieracium murorum* l. em Huds.	+	1

STRATE MUSCINALE..Très développée.

(*) fleurie (quelques variétés blanches).

Sous cette radiation relative faible, la strate arbustive et herbacée a en général un aspect chétif et peu florissant.

Dans tous ces relevés phytosociologiques, la lettre majuscule se réfère à la classification de RAUNKIAER. Le premier signe qui suit le nom de l'espèce donne des indications sur l'abondance (+, 1, 2, 3, 4, 5), le second sur la sociabilité (1, 2, 3, 4, 5), d'après les principes admis en phytosociologie.

PARCELLE 17 : 3,28 % de radiations

Sous-bois de sapins. - Sol type rendzine forestière fraîche et profonde.

STRATE ARBORESCENTE:

P *Abies alba* Mill.	95%
P *Picea excelsa* Link.	5%

STRATE ARBUSTIVE:

P *Picea excelsa* Link. (âgés de 30 ans environ)	1	1

P *Ribes alpinum* L.	+	1
P *Sorbus aucuparia* L.	+	1
P *Lonicera nigra* L.	+	1
P *Viburnum opulus* L.	+	1
P *Vaccinium myrtillus* L.	+	1

STRATE HERBACÉE:

P *Abies alba* ....(semis de 1 à 5 ans	1	1
P *Picea excelsa* Link. ....encore peu développés)		
H *Athyrium filix femina* (L.) Roth	+	1
H *Dryopteris filis mas* (L.) Schott	+	1
H *Dryopteris austriaca* (Jacq.) Woyn.	+	1
H *Carex silvatica* Huds.	+	1
H *Carex stellulata* Good	+	1
H *Luzula flavescens* Gaud.	+	1
G *Polygonatum verticillatum* (L.) All.	+	1
G *Maianthemum bifolium* (L.) F. W. Schmidt	1	1
G *Orchis latifolia* L.	+	1
G *Anemone memorosa* L.	+	1
H *Asarum europaeum* L.	+	2
H *Ceratium caespitosum* Gilib.	+	1
H *Cardamine pratensis* L.	+	1
H *Fragaria vesca* L.	+	1
H *Lathyrus vernus* (L.) Bernh	+	1
H *Vicia sepium* L.	+	1
H *Geranium robertianum* L.	+	1
H *Oxalis acetosella* L.	3	2
H *Mercurialis perennis* L. ...	1	1
H *Euphorbia dulcis* L.	+	1
H *Viola silvestris* (Lam.) Rchb.	+	2
H *Epilobium montanum* L.	+	1
H *Veronica officinalis* L.	+	1
G *Asperula odorata* L.	1	1
H *Phyteuma spicatum* L.	+	1
T *Lampsana communis* L.	+	1
H *Prenanthes purpurea* L.	+	1
H *Hieracium murorum* L. em Huds.	+	1
H *Euphorbia amygdaloides* L.	+	1

STRATE MUSCINALE..Très développée.

Sous cette radiation relative un peu plus élevée, l'aspect de la végétation est en général plus favorable.

PARCELLE 13 : 4,25 % de radiations

Sous-bois de sapins. Sol : rendzine forestière assez superficielle.
Affleurements rocheux.

STRATE ARBORESCENTE:

P *Abies alba* Mill.		95%
P *Picea excelsa* Link.		5%

STRATE ARBUSTIVE:

P *Picea excelsa* Link. (âgés de 15 à 25 ans environ, très peu développés)	+	1
P *Sorbus aria* (L.) Crantz	+	1
P *Rosa pendulina* L.	+	1
P *Lonicera nigra* L. (quelques fruits verts)	+	1
P *Vaccinium myrtillus* L. (quelques baies vertes)	3	2 (3)

STRATE HERBACÉE:

H *Asplenium viride* Huds.	+	1
P *Abies alba* Mill.	+	1
P *Picea excelsa* Link.	+	1
G *Polygonatum verticillatum* (L.) All.	+	1
G *Dentaria pinnata* Lam. (quelques siliques vertes)	2	1
H *Rubus saxatilis* L.	+	1
H *Fragaria vesca* L. (quelques fleurs)	+	1
H *Geranium robertianum* L. (floraison réduite)	+	1
H *Oxalis acetosella* L.	+	1
H *Pirola secunda* L.	+	1
G *Asperula odorata* L.	+	1
H *Prenanthes purpurea* L. (quelques fleurs)	+	1
H *Hieracium murorum* L. em Huds. (quelques fleurs)	+	1

STRATE MUSCINALE..Développée.

PARCELLE 13 : 7,61 % de radiations.

À douze mètres à l'est du précédent.
Sous-bois de sapins en bordure d'une trouée.
Sol de rendzine forestière superficielle avec affleurements rocheux.

STRATE ARBORESCENTE:

P *Abies alba* Mill. 95%

P *Picea excelsa* Link. 5%

STRATE ARBUSTIVE:

P *Picea excelsa* Link. (âgés de 15 à 25 ans déjà mieux développés)
+ 1
P *Rosa pendulina* L. + 1
P *Rubus fruticosus* L. + 1
P *Lonicera nigra* L. (fruits verts) + 1
P *Vaccinium myrtillus* L. (baies violettes) 2 2
P *Daphne mezereum* L. + 1

STRATE HERBACÉE:

H *Dryopteris filix* mas (L.) Schott. + 1
H *Festuca silvatica* Vill + 3
G *Paris quadrifolia* L 1 1
G *Dentaria pinnata* Lam. (siliques violettes) 1 1
H *Rubus saxatilis* L. (fleuri) + 1
H *Fragaria vesca* L. + 1
H *Lathyrus vernus* (L.) Bernh + 1
H *Geranium robertianum* L. (fleuri) + 1
H *Oxalis acetosella* L. + 1
H *Viola silvestris* (Lam.) Rchb. + 1
H *Epilobium montanum* L. + 1
H *Pirola secunda* L. + 1
H *Lamium galeobdolon* (L.) Crantz + 1
H *Veronica officinalis* L. + 1
G *Asperula odorata* L. (fleuri) + 1

H *Phyteuma spicatum* L.	+	1
H *Cicerbita muralis* (L.) Wallroth	+	1
H *Hieracium murorum* L. em Huds. (fleuri abondamment)	+	1

STRATE MUSCINALE..Peu développée

PARCELLE 13 : 20,97% de radiations

A douze mètres à l'est du précédent. Trouée déjà ancienne sur ancien sous-bois de sapins. Sol de rendzine forestière superficielle avec affleurements rocheux ou rocailleux.

STRATE ARBORESCENTE :

P *Abies alba* Mill		5
P *Picea excelsa* Link (de 15 à 30 ans, bien dév.)		95
P *Salix capraea* L.	+	1
P *Fagus silvatica* L.	+	1

STRATE ARBUSTIVE :

H *Rubus saxatilis* L. *Rubus idaeus* L.	+	1
P *Sorbus aucuparia* L.	+	1
P *Rosa pendulina* L.	+	1
P *Vaccinium myrtillus* L. (baies presque noires)	1	4
H *Sambucus ebulus* L.	+	1
P *Lonicera nigra* L. (fruits violacés)	+	1
P *Ribes alpinum* L. (fruits verts)	+	1

STRATE HERBACÉE :

H *Athyrium filix femina* (L.) Roth	+	1
H *Dryopteris filix mas* (L.) Schott	1 (2)	3
P *Abies alba* Mill (âgés de 1 à 5 ans)	+	1
G *Millium effusum* L.	+	1
H *Dactylis glomerata* L.	+	1

H *Elymus europaeus* L.		+	2
H *Carex silvatica* Huds.		+	2
G *Polygonatum verticillatum* (L.) All.		+	1
G *Paris quadrifolia* L.		+	1
H *Asarum europaeum* L.		+	2
G *Dentaria pinnata* Lam. (siliques violettes)		1	1
H *Fragaria vesca* L. (quelques fruits rouges)		1	2
H *Lathyrus vermis* (L.) Bernh		+	1
H *Vicia sepium* L.		+	1
H *Sambucus ebulus* L.		1	1
H *Geranium robertianum* L.			1
H *Oxalis acetosella* L.		+	1
H *Viola silvestris* (Lam.) Rchb.		+	1
H *Epilobium angustifolium* L.		+	1
H *Epilobium montanum* L.		+	1
H *Pirola seconda* L.		+	1
H *Primula elatior* L.		+	1
H *Teucrium scorodonia* L.		+	1
H *Lamium galeobdolon* (L.) Crantz		+	1
G *Asperula odorata* L.		+	1
H *Taraxacum officinale* Weber		+	1
H *Cicerbita muralis* (L.) Wallr.		+	1
H *Prenanthes purpurea* L.		+	1
H *Hieracium murorum* L. em Huds. (fruits abond.)		+	1

STRATE MUSCINALE..En voie de nette régression.

Développement des jeunes arbres en fonction du rayonnement relatif de leur station

Cas des arbres résineux - La dénomination exacte des arbres étudiés est donnée à la page 16 ci- dessus. Il est à remarquer que chaque espèce (et cette remarque semble spécialement valable pour l'épicéa commun), comprend de nombreuses variétés locales, considérées comme stabilisées, et dont le comportement peut être très différent. Chaque fois que ceci sera possible, on précisera la provenance du végétal, et la région où il a été expérimenté. Une aide très précieuse a été apportée à l'auteur par J. BOUVAREL, Directeur de Recherches au C.N.R.F. de Nancy, qui lui a fourni de nombreux lots de graines d'origine contrôlée.

L'auteur, depuis 25 années, a étudié systématiquement le comportement d'espèces résineuses variées, la plupart du temps en cases de végétation du type décrit plus haut :

- Dans le Haut Jura (altitude de 800 à 1000 m environ), sur un sol de rendzine calcaire plus ou moins profonde, et sous des précipitations moyennes annuelles abondantes (de 1200 à 1500 ou 1800 mm par an), la base de référence a été l'épicéa commun, variété du Haut Jura - puis a été étudié le sapin pectiné du Haut Jura, puis 4 autres espèces indigènes, puis 6 espèces non indigènes.

- En Champagne humide (altitude 150 m environ) sur un sol profond et frais de limon des plateaux, et sous des précipitations modérées (de 600 à 800 mm par an), la base de référence a été également l'épicéa commun, variété du Haut Jura - et, à côté, ont été étudiés 11 autres résineux susceptibles d'être utilisés dans les reboisements français.

a) **Epicéa commun**. - L'épicéa commun du Jura germe aussi bien (taux de 60 à 70%) sous le rayonnement relatif réduit des sous-bois denses (de l'ordre de 2 à 3 %), qu'en pleine lumière. A ce moment, utilisant les réserves de sa graine (germination épigée), il réagit à la lumière latérale et manifeste un phototropisme très net, mais temporaire (Fig. 28) (s°°). Pendant cette période de phototropisme juvénile, il est également sensible à la réduction de la lumière latérale circulaire, qui provoque chez lui, par suite sans doute d'un " transfert des facteurs trophiques de croissance " (CHAMPAGNAT), un allongement de son axe hypocotylé (du collet au niveau des premières aiguilles), et un raccourcissement corrélatif de sa radicelle (Fig. 29) (s°°). C'est ce que l'on peut appeler " l'effet manchon ", explicable, physiologiquement par une action inhibitrice de la lumière latérale sur les auxines (voir page 51 ci-dessus).

FIG. 28 - **Phototropisme juvénile de l'épicéa commun du Jura, au cours de son 1er été** (quadrillage 0,01 x 0,01 m) (ROUSSEL 1963).

Cette simple modification de forme, qui se rencontre du reste chez les très jeunes épicéas germant, en pleine forêt, sous les couverts denses, explique en partie la disparition rapide, lors d'un dessèchement superficiel du sol, des sujets d'ombre, d'apparence pourtant très florissante, et que l'on enregistre parfois, au cours des étés secs suivant une bonne année de semence, dans le Haut Jura. Les sujets ayant germé en lumière, à axes plus courts, mais à racines plus longues, résistent mieux à cette sécheresse superficielle. Au surplus, les appareils foliacés deviennent, très vite, plus développés (Fig. 36). On peut comprendre, peut-être, de cette façon l'utilité de la " coupe d'ensemencement ", pratiquée par certains sylviculteurs pour cette espèce ligneuse, et qui doit *précéder* la chute des graines au sol.

FIG. 29 - **Modification de la forme de l'épicéa commun du Jura, suivant la hauteur de l'abri latéral, au cours de son 1er été**
A gauche, sujet de plein découvert, à radicelle longue.
En allant vers la droite, sujets protégés de la lumière latérale par des abris de plus en plus hauts (jusqu'à 0,05 m) à radicelles de plus en plus courtes. (ROUSSEL 1969).

Il est à noter que pour d'autres variétés d'épicéa commun, celle des Alpes du Nord en particulier, ce type de réaction est moins régulier, et ceci explique peut-être certaines observations faites sur les conditions spéciales de leur installation (s°°).

Le phototropisme de l'épicéa commun du Jura se manifeste, en case de végétation à seul éclairement latéral (le rapport des éclairements reçus sur les faces internes et externes des tiges est voisin de 1/20), pendant la seconde année de la croissance, mais plus faiblement. Dans les mêmes cases de végétation il disparaît dès le début de la troisième année et la pousse du jeune épicéa, même en lumière déséquilibrée, reste complètement rectiligne (Fig. 30) (s°°). Du reste, comme la lumière générale est plus faible qu'en plein découvert, dès la fin de sa première année, et surtout au cours de ses seconde et troisième années, la pousse annuelle du sujet bien éclairé, réalisant une photosynthèse satisfaisante, est plus épaisse et plus longue que celle du sujet situé dans la case de végétation à seul éclairement unilatéral. Des observations analogues sont faites, en permanence dans le milieu forestier, sur l'absence de phototropisme de l'épicéa commun, dès sa seconde ou sa troisième année.

Il est à noter que si, sur des sujets âgés de 4 ans devenus, comme il est dit, non phototropiques, on tente, par un abri latéral, généralisé (large manchon de poterie placé autour du sujet) - ou localisé à la seule pousse annuelle (tube placé à l'extrémité d'une tige fichée en terre), de réduire la lumière latérale qui atteint la pousse en voie de développement on n'obtient plus aucun effet d'élongation (s°°). Il y a donc, semble-t-il, une liaison entre la faculté phototropique (de durée assez courte), et la réaction d'allongement à l'abri latéral.

Par la suite, on constate que, dans le milieu naturel, il existe une corrélation très nette entre le développement général du sujet, du diamètre et de la longueur de sa pousse annuelle, ainsi qu'entre l'importance de son appareil radiculaire - et le rayonnement relatif

FIG. 30 - Dans le cours de son 3e été, l'épicéa commun du Jura, en case de végétation à seul éclairement latéral (la lumière venant de la droite) **se redresse - d'une façon un peu exagérée** (au bas de la figure) — **mais il est bien moins développé que son homologue développé entièrement en plein découvert** (en haut de la figure). Le quadrillage est de 0,15 x 0,15 m (ROUSSEL 1965).

qui règne dans la station (Fig. 31 et 32). Quand le rayonnement relatif atteint 50 % environ, l'influence heureuse des radiations s'affaiblit, et il semble que, jusqu'à l'âge de 20 à 25 ans, d'une façon approximative, il n'y ait plus grand intérêt à trop dépasser cette valeur. Cette notion peut être économiquement utile, dans la conduite des opérations de dégagement des plantations, ou des régénérations naturelles, car ces travaux coûtent d'autant plus cher qu'ils sont plus poussés. Quand les arbres deviennent plus âgés, on n'a pas de données bien précises sur leurs exigences en radiations, mais on pense, généralement, que c'est le plein découvert qui convient le mieux, sous réserve que l'alimentation en eau du sol soit convenablement assurée.

On peut se poser la question de savoir, pour quelles raisons physiologiques, les épicéas communs du Jura (comme du reste un très grand nombre d'autres résineux), après s'être montrés sensibles à la lumière latérale, deviennent, au bout de 2 à 3 ans, insensibles à cette influence. L'auteur a émis l'hypothèse que la densité optique *(D)* des formations de protection (pratiquement des écorces, depuis l'épiderme jusqu'au cambium) pouvait jouer un rôle dans le déroulement des divers processus décrits. Cette densité optique peut être mise en évidence par simple application sur un papier photographique lent (méthode des

FIG. 31 - Epicéas de 7 ans situés sous un Rr variable de 5 à 50% (milieu naturel) (ROUSSEL 1949).

photogrammes), ou par mesure directe dans un microdensitomètre (appareil utilisé par POLGE au C.N.R.F. de Nancy).

En général très faible chez le jeune sujet *(D* voisin de 2, soit un pourcentage de transmission optique de 1/100), elle est fortement majorée quand le petit arbre prend de la vigueur (D passe alors à 3 ou 4, soit un pourcentage de transmission optique de 1/1000 à 1/10 000, parfois moins). La lumière horizontale qui atteint l'ensemble des cellules de cet arbre est faible, mais non négligeable, lorsqu'il est très jeune (25 à 50 lux la première année, par moments), mais diminue rapidement (5 lux, puis 0,5 lux au cours des 2e et 3e années). Un effet ralentisseur peut donc être observé dans les premiers cas, par action d'inhibition partielle sur l'hétéroauxine, au moment de son transfert, ou bien au niveau des cellules

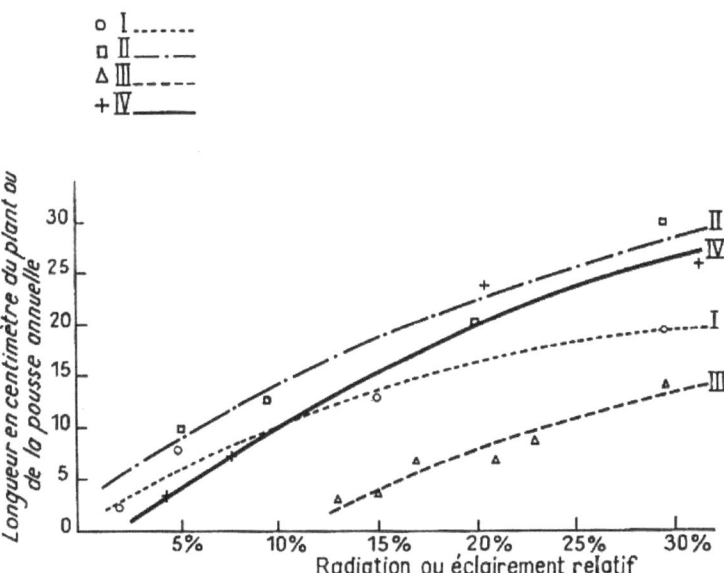

FIG. 32 - Corrélations observées entre le rayonnement ou l'éclairement relatif du sous-bois de diverses sapinières et pessières du Jura, et certaines caractéristiques des sujets d'épicéa commun qui s'y développent naturellement (ROUSSEL 1952)
I - Hauteur totale du plant de 4 ans (1943-1946).
II - Hauteur totale du plant de 7 ans (1943-1949).
III - Longueur de la pousse 1948 de plants de 15 à 20 ans (Levier).
IV - Longueur de la pousse 1951 de plants de 15 à 25 ans (Gd-Côte).

mêmes, où elle exerce habituellement son action. Un freinage de l'activité desdites cellules peut également être invoqué (page 51 ci-dessus). Cette hypothèse du rôle de la densité optique des formations de protection se retrouve, du reste, à propos des autres résineux, et également des jeunes chênes (voir page 99). On pourra voir, à la figure 40, comment se présente un profil densitométrique, tel qu'il est obtenu avec le microdensitomètre dont il a été question plus haut. On y remarque la forte différence relevée entre la densité optique des branches d'épicéa commun, dont la direction n'est pas modifiée par la lumière, et celle des branches de pin sylvestre, qui, à *l'intérieur des massifs,* se retournent nettement vers la lumière extérieure.

Il est à remarquer enfin que l'on peut, d'une façon artificielle, provoquer un *léger* retour au phototropisme juvénile, chez quelques résineux, dont l'épicéa commun du Jura, en les plaçant dans des cases de végétation spéciales sous une lumière réduite et fortement déséquilibrée (le rapport entre les éclairements internes et externes des tiges étant passé à 1/50 environ). A 6 ans, par exemple, l'épicéa commun manifeste alors une légère orientation de sa pousse principale vers la lumière (10° environ) ; mais, dans cet éclairement général faible, la densité optique des écorces est revenue à 2 ou 3 environ (au lieu de 4 et 5 pour les sujets de pleine lumière), et, de toutes façons, un tel microclimat ne se rencontre pratiquement pas dans la pratique sylvicole usuelle.

b) Sapin pectiné - Les variétés de sapin pectiné étudiées (provenance : Jura - Vosges - Alpes - Aude) se comportent d'une façon assez semblable à celle qui a été décrite plus haut, dans leur première jeunesse.

Comme l'épicéa commun, dès leur germination (en général moins satisfaisante, à l'ombre comme à la lumière - le taux de germination étant souvent de l'ordre de 20 à 25 %), les jeunes sapins pectinés sont phototropiques, mais d'une façon peut être moins marquée. Dans le milieu naturel, en lumière déséquilibrée (régénérations de lisière) on observe souvent une forme en S. L'abri latéral circulaire favorise l'élongation des axes hypocotylés et le raccourcissement de la radicelle ($s^{\circ\circ}$). Mais celle-ci demeure relativement longue, même quand le sujet s'est développé dans une ombre dense. Il est à remarquer que le développement du sapin pectiné, à l'âge de 2 ans, n'est pas très différent, que le sujet ait poussé sous le couvert ou en pleine lumière (Fig. 39).

Le phototropisme juvénile du sapin pectiné s'atténue au cours de la seconde année ; à la fin de celle-ci, on a observé, chez celui des Vosges, la formation, du côté ombragé, d'un bourgeon qui, dès le début de la troisième année, donne naissance à une pousse bien verticale, et non phototropique. La densité optique des formations de protection de cette pousse est plus élevée *(D = 3 à 4)*, que celle de la pousse primitive, restée phototropique et se prolongeant en rameau latéral *(D = 2 à 3)*. En case de végétation à seul éclairement latéral, la poursuite de l'expérience montre qu'à partir de la troisième année, la pousse principale et les rameaux développés du côté ombragé ne sont plus sensibles à la lumière latérale. Par contre, les aiguilles continuent pendant plusieurs années à s'orienter perpendiculairement à cette lumière (réaction dite de " parahéliotropisme "). À partir de 4 ans, le sapin pectiné reste insensible à l'abri circulaire latéral ($s^{\circ\circ}$). Là encore, on remarque cette évolution parallèle entre la perte de la faculté phototropique, et l'absence de réaction à l'ombragement de la tige.

Au cours des essais effectués dans le Jura, le sapin pectiné a supporté tous les degrés d'éclairement, de l'ombre dense au plein découvert. Par contre, en Champagne, au cours d'un été très chaud et très sec (1964) à partir d'un rayonnement relatif de 35 % en été, les variétés du Jura et des Vosges ont à peu près disparu, alors que la variété de l'Aude se maintenait parfaitement.

A l'âge de 15 à 20 ans, dans le Jura, le besoin en rayonnement relatif du sapin pectiné du Jura est satisfait jusqu'à une valeur d'environ 25 %. Au-dessus, on n'a pas constaté de croissance plus favorable (figure 33). Cette considération est importante car elle marque les réserves avec lesquelles on doit accueillir la dénomination " d'essence d'ombre " qui est, en général, appliquée à cette espèce ligneuse. Le sapin pectiné supporte l'ombre, mais il bénéficie, cependant, d'un accroissement de lumière jusqu'à une valeur relativement élevée. BLUTEL (1969), à l'occasion d'observations effectuées sur des plantations de sapins pectinés sous des taillis pauvres en réserves de Franche-Comté, région basse, formule des conclusions absolument analogues.

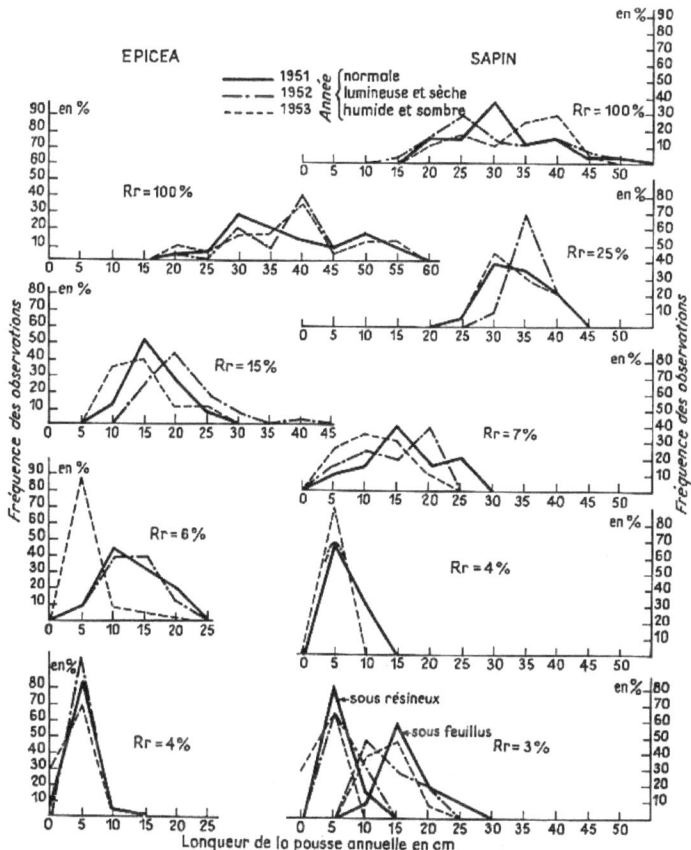

FIG. 33 - Corrélations observées entre le rayonnement relatif dans le sous-bois (Rr) d'une sapinière, et la longueur de la pousse annuelle de sujet d'épicéas communs et de sapins pectinés, âgés de 10 à 15 ans et installés naturellement.
Les résultats sont présentés sous forme de courbes de fréquence (ROUSSEL 1954)

On a peu de données sur les exigences en lumière, vers l'âge de 15 ou 20 ans, du sapin pectiné de l'Aude ; dans les régions de plaine où il est habituellement introduit, il paraît plus résistant aux chaleurs estivales, mais réagirait au couvert de la même façon que son homologue du Jura.

En ce qui concerne la variété de sapin pectiné, que l'on rencontre en Italie centrale (région des Apennins), GIACOBBE (1969) a observé qu'une insolation assez intense était, non seulement bien tolérée, mais aussi très utile, par l'effet de réduction des phénomènes de transpiration au niveau de la tige qu'elle provoque, à la bonne installation et au premier développement de cette espèce. (Voir page 62).

Il est enfin probable que l'arbre adulte demande, si l'alimentation en eau du sol est satisfaisante (conditions remplies dans les régions montagneuses de l'Est de la France), la totalité du rayonnement reçu par une station de plein découvert.

c) **Autres espèces ligneuses.** - Les réactions aux variations de l'intensité du rayonnement naturel ont été également étudiées chez de nombreuses autres espèces ligneuses. En fait, les observations ont porté, à un degré plus ou moins avancé, sur presque toutes les sortes de résineux énumérées à la page 16 ci-dessus, et il serait fastidieux, pour le lecteur, de les rapporter en détail.

On peut d'abord préciser que ces espèces se comportent, dans leur toute première jeunesse, à peu près de la même façon que l'épicéa commun et que le sapin pectiné : pourcentage de germination, chez chaque espèce, comparable dans les sous-bois denses et en plein découvert - phototropisme juvénile très net en cases de végétation à éclairement unilatéral et allongement corrélatif de l'axe hypocotylé, en abri circulaire latéral. Puis, vers la fin de la seconde année, et au cours de la troisième année de développement, réduction très sensible de ces facultés, dans les conditions habituelles des microclimats forestiers. Par contre, dépendance assez étroite entre la croissance et l'intensité du rayonnement naturel circumglobal.

Cependant comme pour l'épicéa commun du Jura, il est possible, en plaçant les sujets dans des conditions de souffrance et en lumière fortement déséquilibrée, d'obtenir un léger retour au phototropisme juvénile de la majorité des espèces qui ont été expérimentées - à l'exception des sapins. Dans le cas du pin sylvestre, race de la Champagne humide, le retour au phototropisme est relativement facile à obtenir, même au bout de 10 à 15 ans, mais cet effet, très marqué pendant un ou deux ans, se termine en général par le dépérissement complet des sujets (ROUSSEL - 1967).

Une observation que l'on peut faire fréquemment, dans le cas du pin sylvestre, est le phototropisme des branches développées sur des arbres de lisière, du côté de l'intérieur du massif et qui se retournent alors, dans un plan presque horizontal, vers la lumière. Dans les mêmes conditions, les branches intérieures des épicéas de même âge, en même type de sol, ne manifestent aucun phototropisme. Ces différences de réaction s'accompagnent, on l'a dit, d'une façon très nette, d'un changement dans la densité optique des formations de protection (Fig. 40).

La figure 34 représente l'état, à un an, de 6 espèces résineuses indigènes développées dans des cases de végétation situées en pleine forêt, sous 4 rayonnements relatifs différents, dans des massifs des hautes chaînes du Jura (ROUSSEL - 1953). Leur reproduction sur papier millimétrique permet de comparer leur comportement sous 6 %, 12 %, 37 % et 100 % de rayonnement relatif. Les plus tolérants sont les sapins pectinés du Jura, les moins tolérants sont les mélèzes d'Europe (Alpes du Nord). On remarquera qu'à cet âge, les sujets, bien que dans leur période de phototropisme juvénile, manifestent déjà des réactions assez nettes aux variations de l'intensité du rayonnement naturel. A 2 ans, les différences entre les espèces sont encore plus marquées (figure 39), mais, sous 6% de rayonnement relatif, les mélèzes avaient disparu.

Après d'autres essais sur des espèces non indigènes (sapin de Vancouver, cèdre de l'Atlas, épicéa de sitka, douglas vert, séquoia géant, tsuga hétérophylle), effectués dans le Haut Jura

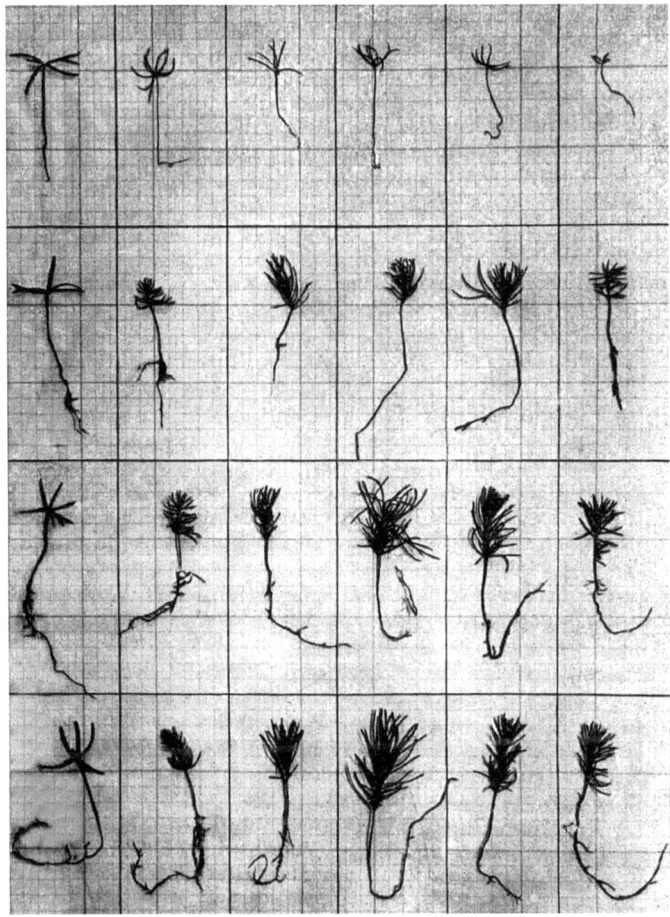

FIG. 34 - Corrélations entre le rayonnement relatif du sous-bois et le développement de 6 résineux à la fin de leur première année (papier millimétré).

De gauche à droite : sapin pectiné, épicéa commun, pin à crochet, pin noir, pin sylvestre, mélèze d'Europe.

De haut en bas : rayonnements relatifs de 6%, 12%, 37%, 100% (ROUSSEL 1953).

pendant une année, et qui n'ont pu être suivis plus longtemps (ROUSSEL - 1955), une expérience plus importante et de longue durée a été organisée en Champagne humide. 12 caissettes de végétation comportant chacune 12 cases ont été installées dans une grande clairière et sous 5 peuplements de densité différente (2 caissettes par station), remplies d'un sol identique. 100 graines de chacune des 12 espèces résineuses ont été semées, dans chaque case, au printemps 1962 ; voici leur liste, avec, en référence, le numéro de classement qui sera reporté dans le tableau général ci-dessous : (1) sapin pectiné (Jura) - (2) sapin pectiné (Aude) - (3) sapin de Vancouver (reboisements français) - (4) sapin de Nordmann (reboisements français) - (5) mélèze du Japon (Japon) - (6) épicéa commun (Jura) - (7)

épicéa commun (Alpes du Sud) - (8) épicéa omorica (reboisements français) - (9) épicéa de sitka (U.S.A.) - (10) pin laricio de Corse (Corse) - (11) pin Weymouth (Vosges) - (12) douglas (Vancouver). Les stations allaient du plein découvert *(Rr* = 100 %) à la grande trouée *(Rr = 70* % en été), à la petite trouée *(Rr* = 35 % en été), à la " coupe d'abri " (16 % de *Rr* en été), et aux taillis denses, très faiblement éclaircis (4 % de *Rr* en été), ou non éclaircis (3 % de *Rr* en été) (Fig. 16). La germination des graines, quelle que soit leur espèce, a été en général satisfaisante pour l'ensemble des stations (à l'exception des sapins, dont le taux de germination est, très constamment, assez faible), mais surtout aux environs d'un *Rr* de 35 %.

Les premières mensurations ont été effectuées au bout de 3 ans (ROUSSEL - 1965) et sont reproduites, pour certaines espèces caractéristiques, à la figure 35. On notera d'abord que sous des *Rr* de 3 et 4 % toutes les espèces ont disparu rapidement, malgré une bonne germination, après une dizaine d'essais successifs (7 portant sur les 12 espèces et 3 portant uniquement sur les sapins). Il s'agissait probablement d'une banale " fonte des semis ".

A 4 ans, les différences de réactions entre les variétés et les espèces se sont accentuées (Fig. 36, 37, 38). On remarquera surtout la différence de développement entre les sujets installés sous des *Rr* de 16 % et 35 % - alors qu'entre 35% et 70% ces différences s'atténuent.

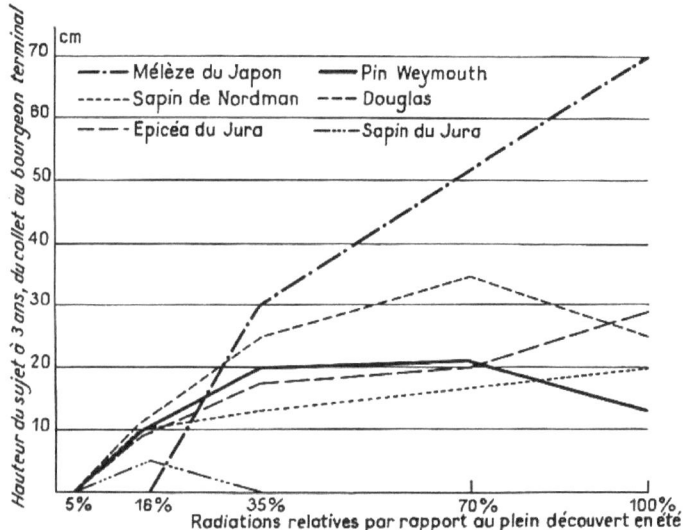

FIG. 35 - Corrélations observées entre le rayonnement relatif des sous-bois feuillus, en été, et la hauteur de 6 résineux âgés de 3 ans, qui s'y développent, en cases de végétation.

NOTA: La disparition du sapin pectiné du Jura, à partir de 35%. de Rr, est due à un été exceptionnellement chaud et sec. (ROUSSEL 1965).

En ce qui concerne le nombre des espèces se développant *simultanément* d'une manière convenable, le *Rr* de 35 % a semblé le plus favorable ; au-dessus, une sélection s'opère entre les sujets, certains continuant à bénéficier d'un rayonnement plus intense. Il faut noter, également, que dans la grande trouée (abritée des vents du Nord et de l'Est, et soumise à une insolation intense), on a observé, en 1964 surtout, un " coup de chaleur " qui s'est manifesté d'une façon bien moins marquée dans les stations de plein découvert (réduction des phénomènes de transpiration?).

FIG. 36 - **Etat de 12 résineux (voir le texte) sous une coupe d'abri un peu sombre** (Rr = 16% en été)**, à l'âge de 4 ans. Les chênes pédonculés, naturels, ont le même âge** (quadrillage 0, 15 x 1, 15 m) (ROUSSEL 1966).

FIG. 37 - **Etat de 12 résineux (voir le texte) dans une petite trouée** (Rr = 35 % en été)**, à l'âge de 4 ans. Les chênes pédonculés, naturels, ont le même âge.** (quadrillage 0,15xO,15 m). (ROUSSEL 1966).

FIG. 38 - **Etat de 12 résineux (voir le texte) dans une grande trouée** (Rr = 70%. en été), **à l'âge de 4 ans** (quadrillage 0,15xO,15 m) (ROUSSEL 1966).

Cette expérience a été suivie en forêt jusqu'à l'âge de 8 ans, et au cours des 7e et 8e années, la mesure d'un certain nombre de facteurs physiques a été effectuée, en été et en hiver. Voici le type de corrélation que l'on peut observer, à l'âge de 8 ans, entre les divers sujets, le rayonnement relatif, l'humidité du sol et le pH en été :

LONGUEUR MOYENNE APPROXIMATIVE DES TIGES AU-DESSUS DU SOL *(cm)*

Espèces en expérience (voir ci-dessus)

	(1)	(2)	(3)	(4)	(5)	(6)	(7)	(8)	(9)	(10)	(11)	(1
Station I (découvert)					Tous les sujets ont été transplantés en forêt à 4 ans							
Station II (gde trouée) Rr (été) = 70% → 50% Humidité du sol (été) = 10/12% pH (été) = 6	0	0	0	0	105	65	70	80	0	90	85	85
Station III (petite trouée) Rr (été) = 35 → 30% Humidité du sol (été) = 12/15% pH (été) = 6	0	45	60	30	90	50	55	50	50	75	60	60
Station IV (coupe d'abri) Rr (été) = 16% → 12% Humidité du sol (été) = 15/18% pH (été) = 6	18	18	18	18	0	20	15	15	0	15	12	15

Stations V et VI (taillis dense)
Rr (été) = 4% et 3%
Humidité du sol (été) =
= 16/18% — 20%
pH (été) = 6

Après une bonne germination, tous les sujets ont disparu au cours de la seconde année (7 essais successifs pour toutes les espèces + 3 essais pour les sapins)

NOTA. Le coefficient de corrélation entre la hauteur de tous les résineux en expérience (concordant, du reste, avec leur développement général, visible à 4 ans sur les figures 36, 37 et 38), et le rayonnement relatif, en été et en hiver, est *de l'ordre* de + 1 (liaison positive absolue). Le coefficient de corrélation du même élément avec le pourcentage d'humidité du sol, en été et en hiver, est *de l'ordre* de -1 (liaison négative absolue) et avec le pH, de 0 (aucune liaison significative). Il en résulte que le développement des résineux est lié, positivement, d'une façon hautement significative (s$^{\circ\circ\circ}$) à l'intensité du rayonnement naturel reçu au sol, *sous réserve* de l'action éliminatoire absolue exercée par cette intensité quand elle atteint une valeur trop élevée (cas des sapins - étés très chauds et très secs).

Ces résultats sont à rapprocher de ceux obtenus au Canada, dans la région de Chalk River, par LOGAN (1959), sur le pin Weymouth, développé en cases de végétation à sol identique. La variation simultanée des divers facteurs physiques a été reproduite à la figure 27. Les cases, au nombre de 40 (4 répétitions pour 5 degrés de rayonnement relatif, avec des sujets âgés de 4 ans, élagués et non élagués) ont été suivies pendant 4 ans. Voici, pour les seuls sujets non élagués (plus proches de l'état naturel), quelques-uns des résultats obtenus :

Rayonnement relatif (Rr)	*Développement des sujets après 4 années d'observations*			*Poids sec produit en 4 ans*	
	Hauteur de la tige (cm)	Diamètre pousse (mm)	Diamètre collet (mm)	cimes (gr)	racines (gr)
100 %	102	5	25	277	86
55 %	93	4	19	132	51
27 %	75	3	13	48	20
19 %	78	2	13	69	17
14 %	60	2	10	32	13

Les tests statistiques calculés par LOGAN, entre diverses caractéristiques des sujets, et les facteurs physiques de chaque station montrent que c'est le rayonnement relatif qui, de beaucoup, s'avère comme étant le plus important pour déterminer la croissance du pin Weymouth (en poids, jusqu'à 100 % ; en hauteur jusqu'à environ 50 %). La relation positive avec les autres facteurs (hydriques en particulier) est bien moins marquée, parfois même absolument nulle.

FAIRBAIRN (1966-1967) a étudié, en cases de végétation à sol identique, sous des Rr de 100 %, 50 %, 25 %, 12,5 % et 6,25 % les réactions de certains résineux utilisés dans les reboisements en Grande- Bretagne (Ecosse). Il s'agissait de : (1) épicéa commun, (2) épicéa de sitka, (3) sapin pectiné, (4) sapin de Vancouver, (5) douglas, (6) tsuga. À 1 an, il observe des types de réactions très voisins de ceux reproduits à la figure 34. À 2 ans, il obtient les résultats suivants :

Rr	Longueur de la tige en cm						Longueur de la racine en cm					
	(1)	(2)	(3)	(4)	(5)	(6)	(1)	(2)	(3)	(4)	(5)	(6)
100%	14	23	8	18	29	20	21	23	20	20	23	22
50%	15	18	8	21	31	22	19	17	16	19	19	18
25%	15	16	9	18	26	20	17	16	17	19	18	17
12,5%	11	12	8	14	16	13	13	12	16	16	14	12
6,25%	9	9	7	9	15	10	10	10	14	12	13	10

Jusqu'à 25 % de Rr, la relation entre l'accroissement en hauteur de la tige (ainsi que le développement général) et l'intensité du rayonnement naturel est tout à fait frappante. Au-dessus, l'accroissement en hauteur est plus irrégulier, mais le développement d'ensemble reste lié à cette intensité.

En ce qui concerne le développement des racines, le même type de réaction est observé, et plus régulier, en général.

En ce qui concerne le poids sec total (tige et racine), on trouve une liaison absolument constante avec l'intensité des radiations reçues par les sujets - sauf une légère inversion dans le cas du sapin pectiné (entre 25 et 50 %) :

Rr	Poids sec total (tige et racine) en grammes					
	(1)	(2)	(3)	(4)	(5)	(6)
100%	4,8	14,1	4,5	8,3	23,5	11,1
50%	3,7	4,4	2,8	6,1	13,3	5,4
25%	2,6	2,9	3,1	4,4	5,4	3,0
12,5%	0,9	1,1	1,6	2,4	1,7	0,9
6,25%	0,6	0,5	1,0	1,2	1,2	0,5

En somme, on peut conclure de ces diverses observations, que le rayonnement naturel exerce une influence favorable à peu près certaine sur la croissance de tous les jeunes arbres résineux. Au début, la différence entre les sujets s'étant développés sous des Rr très différents est marquée, mais d'une façon non excessive, tout au moins pour certaines espèces. Puis, comme le très jeune arbre consacre une part importante des matières organiques qu'il synthétise à la construction de nouvelles aiguilles, on observe, d'année en année, une sorte d'effet cumulatif, et l'âge des sujets intervient, sous une forme exponentielle, dans le développement général, le poids frais et sec, la hauteur de la tige au-dessus du sol, la longueur des racines, etc ...

FIG. 39 - **Sapins pectinés** (ligne supérieure) **et Mélèzes d'Europe** (ligne inférieure) **après 2 ans, développés sous 12%** (à gauche), **37%** (au centre) **et 100%** (à droite) **de rayonnement relatif** (Papier millimétrique) (ROUSSEL 1954).

Cependant, il ne faudrait pas en conclure, un peu hâtivement, que l'on doive mettre tous les sujets, de toutes les espèces, dans toutes les stations, immédiatement en pleine lumière. En effet, un rayonnement naturel élevé, surtout parce qu'il s'accompagne de chaleur, risque de dessécher à l'extrême les couches superficielles du sol, de brûler même certaines jeunes tiges, d'accentuer les phénomènes de la respiration, etc ... ; en somme d'exercer une action limitante tout aussi importante que celle qui résulte d'une nette déficience en radiations. On tirera de cette remarque certaines conclusions pratiques, à la page 117 ci-dessous. Enfin, on remarquera qu'il n'est pas *absolument*
certain que les sujets issus de graines se développent de la même façon, dans la station où ils ont été semés, que des sujets âgés de quelques années introduits pour des plantations, dans cette même station.

Développement des jeunes arbres en fonction du rayonnement relatif de leur station (suite)

Cas des arbres feuillus - a) **Comportement des chênes rouvre et pédonculé.** Ces deux espèces ligneuses ont une importance économique certaine: elles constituent les futaies d'une bonne partie des peuplements forestiers du Nord-Est de notre pays, et se retrouvent, plus au sud, dans certaines régions où elles forment des futaies de haute valeur. Il faut d'abord examiner les conditions de leur installation. Les glands, produits périodiquement (mais non chaque année) par les semenciers, tombent sur le sol en automne. Ils sont recouverts par les feuillages des arbres du peuplement, qui se détachent, à ce moment, des rameaux. Si la fin de l'hiver est favorable (humidité du sol suffisante, absence de froids excessifs), les glands forment, dès ce moment, une radicelle, puis, à partir du mois d'avril, une jeune pousse qui, une fois terminée, se garnit de feuillages. Une seconde pousse (dite de la St Jean) est souvent formée dès le début de juillet.

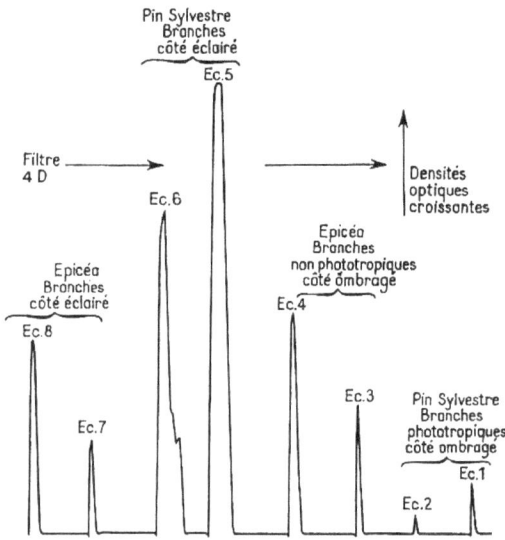

FIG. 40 - Exemples de profils densitométriques (microdensitomètre du C.N.R.F. — POLGE). Le niveau 4 D correspond à un facteur de transmission optique des écorces de 1/10000. Pour l'explication de la figure, voir le texte ci-dessus.

L'ombre habituelle des couverts forestiers, même les plus denses (de l'ordre de 2 à 3 % de Rr), ne semble guère gêner le déroulement de ces processus (PLAISANCE — 1955, ROUSSEL - 1956 à 1962). Ces deux auteurs ont noté un pourcentage de germination élevé, dans toutes les stations (80 %. selon ROUSSEL). Mais, à partir de la seconde année, les sujets ayant reçu moins de 4 5 % de Rr en été, dépérissent et meurent, sans doute par suite d'une nutrition carbonée nette insuffisante pour couvrir leurs besoins (ROUSSEL - 1956 à 1957 et 1962 à 1963). Ceux qui ont reçu un peu plus de 4 % se maintiennent, très chétifs, pendant quelques années. Par contre, les sujets de plein découvert, à l'âge de 2 ans, sont florissants, feuillés et en parfait état. Les chênes pédonculés sont, en général, plus grands que les chênes rouvres (Fig. 41).

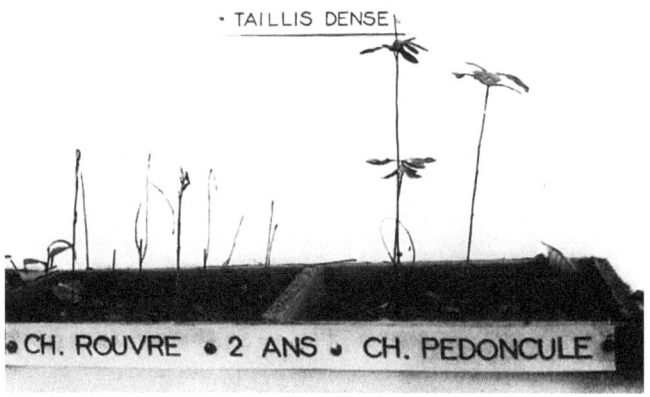

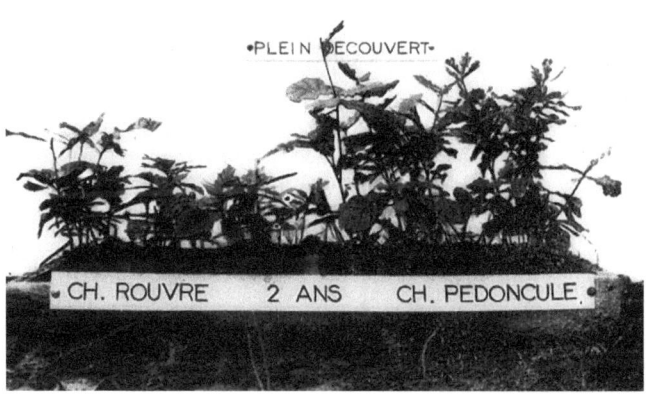

FIG. 41 - Chênes rouvres et pédonculés à la fin de leur seconde année de croissance.
En haut, sous un rayonnement relatif un peu inférieur à 4 % en été (dépérissement presque total).
En bas, en plein découvert (vigueur satisfaisante) (ROUSSEL 1957).

Dans l'expérience de 1956-1957, 6 caisses de végétation installées du plein découvert (Rr =100 %), jusqu'à un sous-bois de taillis sous-futaie dense (Rr = 3,5 % en été), en passant par 4 états intermédiaires (Rr = 66 %, 57 %, 13,5 % et 4,3%. en été), avaient reçu des glands de chêne rouvre et de chêne pédonculé. Le sol était identique dans toutes les cases. Or, un premier examen montrait incontestablement que, si le couvert très dense était défavorable, dès la seconde année, pour tous les sujets, le plein découvert, bien que permettant une bonne survie générale, n'était pas, cependant, celui qui donnait les semis les mieux développés. Le tableau de la page suivante, résultant d'un travail très détaillé effectué à l'Institut Botanique de Besançon (TRONCHET. A, TRONCHET. J, GIBOUDEAU & GOGUELY - 1959) est assez démonstratif de l'irrégularité des résultats obtenus.

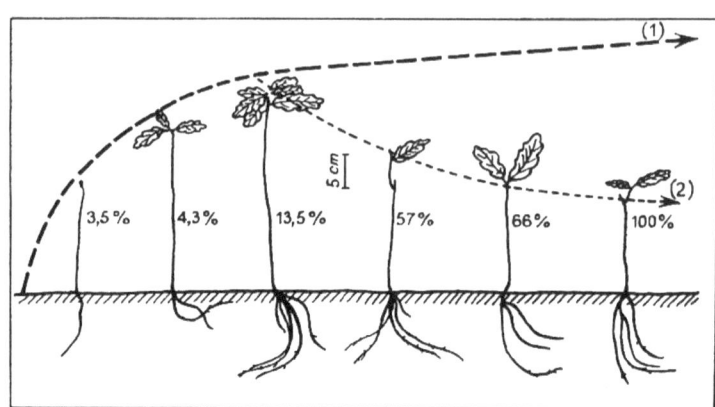

FIG. 42 - Développement des chênes rouvres, âgés de 2 au, sous des rayonnements relatifs naturels variant de 3,5 à 100 %, en été (GIBOUDEAU 1958).
Essai d'interprétation (ROUSSEL 1958).
Courbe 1 - Action stimulante du rayonnement vertical sur la nutrition carbonée (photosynthèse).
Courbe 2 - Action freinatrice du rayonnement horizontal sur la multiplication et l'élongation cellulaires (photoinactivation des auxines).

La figure 42 montre, notamment, que la hauteur des divers sujets de chênes rouvres n'est pas du tout proportionnelle à l'intensité du rayonnement naturel reçu dans chaque station. La même remarque était faite pour les chênes pédonculés. Ceci a paru assez étonnant. En effet, le chêne pédonculé est, comme le chêne rouvre, une " essence de lumière " caractérisée. Or, même pour une " essence d'ombre " résineuse typique (le sapin pectiné par exemple), on n'observe guère que des sujets de 2 ans aient des caractéristiques générales nettement plus favorables à l'ombre qu'à la lumière (ceci sous réserve de l'effet limitant dont il a été parlé plus haut) (Fig.39).
L'hypothèse " de travail " émise alors fut que, si la composante verticale du rayonnement incident exerce, incontestablement, une action favorable sur la photosynthèse, sa composante horizontale, dont la valeur croît avec l'intensité du rayonnement circumglobal, peut devenir nuisible à la croissance, en filtrant à travers les formations de protection, de la cuticule au phloème, (Fig. 43), et en venant agir, au niveau des cellules en voie de multiplication et d'élongation, comme à celui des vaisseaux transportant l'hétéroauxine libre, ainsi qu'il est dit plus haut (voir page 51). Le phototropisme de ces chênes, se maintenant pendant un grand nombre d'années, constituait une preuve supplémentaire à cette hypothèse.

CARACTÈRES MACROSCOPIQUES ET HISTOMÉTRIQUES

	Quercus sessiliflora						Quercus pedunculata					
Rayonnement relatif mesuré en pleine végétation du couvert (%)	3,5	4,3	13,5	57	66	100	3,5	4,3	13,5	57	66	100
Pourcentage réel de rayonnement reçu (%)	5,8	9	24	—	—	—	5,8	9	24	—	—	—
Longueur de la tige (mm)	155	255	295	225	175	175	242	198	284	241	194	234
Longueur de la racine (mm)	135	130	236	205	200	212	233	155	188	240	234	239
Longueur moyenne des feuilles (mm)	23	49	76	—	79	42	—	56	67	54	41	48
Nombre total des feuilles formées	10	13	17	17	16	9	10	17	25	14	20	12
Nombre de feuilles subsistant au moment de l'arrachage	1	3	6	2	2	2	0	8	14	3	7	7
Surface foliaire moyenne (mm²)	5 000	11 300	33 100	—	28 000	11 200	—	19 000	31 000	12 000	14 000	10 000
Diamètre approximatif de la tige (mm) — Collet	2,1	2,2	5,4	4,3	4,3	4,4	2,15	3,15	4	4,5	4	4,4
Milieu	1,5	1,5	2,4	2,3	2,2	2,6	1,6	2,2	2,15	2,6	2,25	2,55
Région sous-apicale	1,2	1,4	1,8	1,8	1,6	2,3	1,2	1,45	1,45	1,3	1,5	1,15
Valeur moyenne	1,6	1,7	3,2	2,8	2,7	3,1	1,6	2,2	2,5	2,8	2,6	2,7
Épaisseur du bois secondaire de la tige (μ) — Collet	160	260	1 370	650	660	880	370	500	780	1 050	1 150	925
Milieu	130	190	470	390	360	510	140	450	500	510	475	550
Région sous-apicale	100	120	260	350	150	380	90	120	110	95	200	115
Valeur moyenne	130	190	700	430	390	590	200	356	463	552	608	530
Épaisseur du liber (μ) — Collet	90	110	310	240	230	260	95	125	262	275	300	210
Milieu	80	80	110	110	130	160	55	95	145	176	150	145
Région sous-apicale	70	80	90	100	90	150	70	75	80	80	110	60
Valeur moyenne	80	90	170	150	150	190	74	99	163	177	186	139
Épaisseur du suber (μ) — Collet	50	50	80	80	70	70	55	60	70	85	100	100
Milieu	40	50	70	50	60	60	30	35	33	35	65	75
Région sous-apicale	30	50	60	50	50	50	28	30	28	28	45	45
Valeur moyenne	40	50	70	60	60	60	38	42	44	49	70	74
Épaisseur de la zone fibreuse « péricyclique » (μ) — Collet	65	60	120	100	90	90	35	45	55	50	50	50
Milieu	60	60	60	60	60	50	30	40	40	50	45	40
Région sous-apicale	55	60	60	50	60	40	25	30	28	33	40	30
Valeur moyenne	60	60	80	70	70	60	30	38	41	44	45	40
Volume approximatif du bois de la tige (calculé en mm³)	70	180	640	390	370	430	230	290	1 000	1 110	550	730

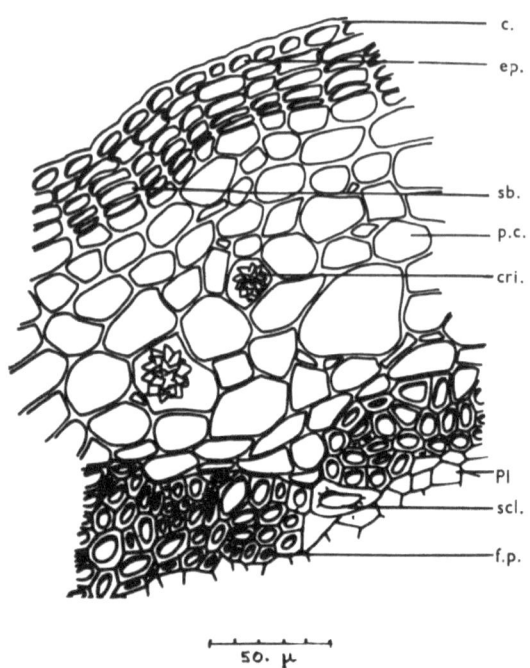

FIG. 43 - Coupe **transversale au milieu de la tige épicotylée d'un chêne pédonculé âgé d'un an, développé à l'ombre**

c. = cuticule
ép. = épiderme
sb. = suber
p.c. = parenchyme cortical

cri. = cristaux d'oxalate de calcium
Pl = phloème
scl. = scléréides
f.p. = fibres péricydiques.

(TRONCHET et GRANDGIRARD 1956).

D'un autre côté, le tableau précédent montre qu'en lumière élevée, l'épaisseur moyenne du suber du chêne pédonculé est plus grande que celle du suber du chêne rouvre (70 à 74 μ contre 60 μ). Or, le premier, en plein découvert, est plus long que le second (Fig. 41, plein découvert).

FIG. 44 - **Chênes rouvres à la fin de leur première année de croissance : En haut, au centre**, sous 1 % de rayonnement relatif en été.
En haut, à droite, en case de végétation à seul éclairement latéral (lumière à gauche).
En bas, au centre, en plein découvert, à tige non abritée.
A gauche, en plein découvert, mais à tige abritée progressivement par de petits manchons opaques (ROUSSEL 1957).

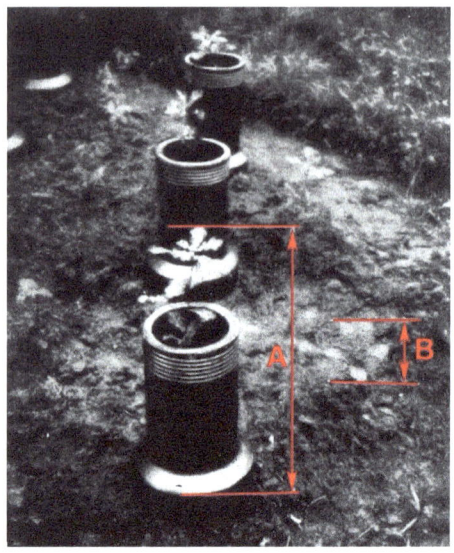

FIG. 45 - Chênes pédonculés à la fin de leur 2e année de croissance.

A) Sujets de plein découvert, à tige abritée dès le début de la seconde année.

B) Sujets de plein découvert, à tige non abritée et restée en pleine lumière (ROUSSEL 1964).

FIG. 46 - Chênes pédonculés âgés de 4 ans, en plein découvert, à tiges non abritées latéralement (quadrillage 0,15 x 0,15 m) (ROUSSEL 1966).

Des essais comparatifs de transparence (méthode du papier photographique lent), ont montré, du reste, que cette différence d'épaisseur s'accompagnait d'une densité optique dissemblable. Tout ceci a donc conduit à un essai de dissociation des composantes, verticale et horizontale, du rayonnement circumglobal, dans une station de plein découvert.

Des manchons étroits appliqués sur des chênes rouvres et pédonculés en cours de germination à partir du gland raciné ont montré que les sujets protégés, à 1 et 2 ans, étaient nettement plus longs que ceux qui ne l'étaient pas ($s^{\circ\circ}$) - ROUSSEL - 1957 - (Fig. 44).

D'autres essais effectués avec des manchons de poterie (0,35 m de hauteur totale) placés autour de certains chênes pédonculés déjà âgés d'une année, ont mis en évidence, dès la seconde année, une élongation nette des sujets protégés par rapport aux témoins ($s^{\circ\circ}$) (Fig. 45). Ces essais, prolongés pendant 3 années (1, puis 2 manchons superposés d'une hauteur de protection d'environ 0,70 m) ont produit, par rapport aux témoins (Fig. 46) des sujets allongés du type représenté à la figure 47. Leurs caractéristiques sont présentées dans le tableau de la page suivante.

La figure 48 représente des microphotographies de coupes faites au C.N.R.F., dans les sens de la longueur, et montrant que, chez les sujets protégés, ce n'est pas la majoration de la longueur individuelle des cellules mais celle de leur nombre qui est responsable du changement de forme constaté. Par ailleurs, des observations faites sur des coupes transversales de tiges, au voisinage du collet, indiquent que le bois du chêne protégé est plus riche en vaisseaux de printemps (mous), et plus pauvre en rayons ligneux (durs), ce qui caractérise souvent un bois de très bonne qualité, facile à travailler.

"L'effet manchon " se traduit également ici, mais à partir de la 3e Ou de la 4e année seulement, par un " transfert des facteurs trophiques de croissance ", comme chez le très jeune épicéa du reste. La tige est longue, mais l'appareil radiculaire est plus réduit chez les chênes protégés ($s^{\circ\circ}$). En somme, on peut penser que, pour un volume total de matière ligneuse fabriquée par un chêne de plein découvert, le rapport : volume tige / volume racine est plus élevé chez le chêne protégé latéralement que chez le chêne dont la tige reçoit la pleine lumière horizontale. Il est à remarquer, du reste, que les expériences qui viennent d'être décrites, *exagèrent* la dissociation entre les deux composantes, verticale et horizontale, du rayonnement circumglobal naturel, et que, dans le milieu forestier, les différences sont souvent moins marquées.

Quand les chênes vieillissent, en bouquets, dans une trouée pratiquée dans un peuplement plus âgé et dense, ils reçoivent à la fois une lumière verticale convenable, et une lumière horizontale plus réduite. Ils se développent alors d'une façon spéciale et prennent l'aspect classique dit en " cône de régénération " (Fig. 49) qui doit sans doute être attribué à des conditions principalement photologiques.

CHÊNES PEDONCULÉS DE 4 ANS

	NON PROTÉGÉS LATÉRALEMENT		PROTÉGÉS LATÉRALEMENT	
ASPECT GÉNÉRAL...............	Buissonnant, nombreux rameaux latéraux		Elancé, tige nette, cime dégagée	
HAUTEUR TOTALE AU-DESSUS DU SOL......	0,40 à 0,50 m		0,90 à 1,10 m	
APPAREIL RADICULAIRE...............	Profond, aussi développé que la partie aérienne		Plus superficiel: la moitié de la partie aérienne	
VOLUME DU BOIS DE TIGE PRINCIPALE HORS DU SOL...............	6 à 8 cm³		10 à 12 cm³	
SECTION TRANSVERSALE AU VOISINAGE DU COLLET	diamètre total: 7,5 mm largeur cerne 3ᵉ année: 0,8 mm largeur cerne 4ᵉ année: 1,2 mm rayons ligneux: petits 12 à 15 gros 6 à 8	Bois d'été dominant d°	diamètre total: 6,5 mm largeur cerne 3ᵉ année: 0,3 mm largeur cerne 4ᵉ année: 1,1 mm rayons ligneux: petits 8 à 10 gros très rares	Bois de printemps dominant Bois d'été dominant
SECTIONS RADIALES ET TANGENTIELLES AU MILIEU DU SEGMENT FORMÉ LA 3ᵉ ANNÉE	Cellules (parenchyme médullaire et vertical, rayons ligneux, fibres) de dimensions moyennes comparables dans les deux cas. C'est surtout le *nombre* des cellules qui augmente longitudinalement chez le chêne protégé. Mais, le nombre des rayons ligneux est inférieur, par unité de surface, chez le chêne protégé.			

FIG. 47 - **Chêne pédonculé âgé de 4 ans, en plein découvert, à tige abritée à partir de la seconde année par un, puis par deux manchons de poterie superposés** (quadrillage 0,15 x 0,15)- (ROUSSEL 1966).

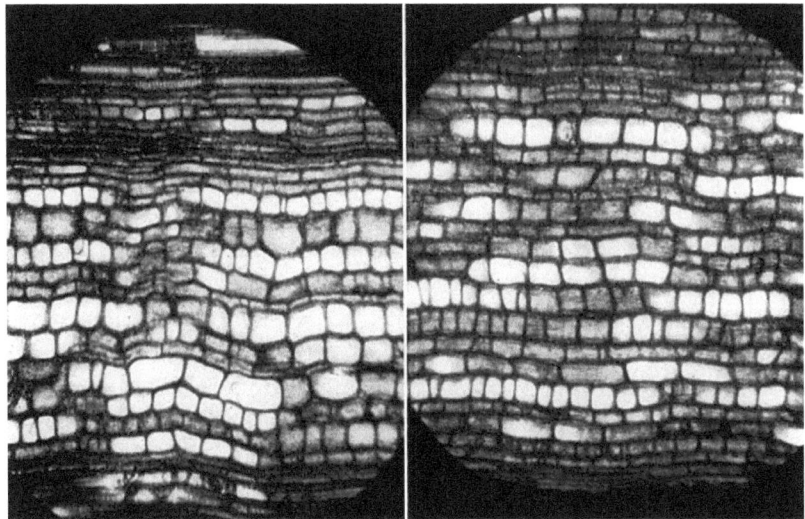

FIG. 48 - Coupes radiales au milieu de la pousse formée la 3e année, de chênes pédonculés âgés de 4 ans, **non protégés (témoins)** à gauche **et protégés (allongés)** à droite (ROUSSEL 1967).

FIG. 49 - **Chênes rouvres et pédonculés dans leur 10e été.** L'ombrage latéral réciproque des tiges rend très perceptible l'inégalité de répartition de la lumière verticale dans les trouées (formation d'un cône de régénération) (Photo BERNARD).

Les mesures instantanées d'humidité du sol, qui ont été effectuées (PLAISANCE - ROUSSEL) dans de telles formations, donnent, entre le centre et les bords de ces cônes, des différences très faibles, souvent, du reste, inversées (sol plus humide sur les bords qu'au centre). Tout ceci justifie l'intérêt, à côté des considérations de physiologie classiques, de l'intervention de la notion de " coenophysiologie ", de la physiologie de groupe, développée actuellement en U.R.S.S., et dont les conséquences peuvent être intéressantes (YATSENKO. KHMELEVSKI - 1963).

Cette question semblant à peu près élucidée, quel pourcentage de rayonnement doit recevoir une régénération de chêne rouvre, ou de chêne pédonculé, selon son âge ? Une règle simple consiste à apporter aux jeunes sujets un Rr de 10 %, par année d'âge (10 % dès le début de la première année - 20 % dès le début de la seconde année, 30 %. dès le début de la troisième année ... et le plein découvert à l'âge de 10 ans).

PLAISANCE (1965) a repris cette étude d'une façon systématique, et il conseille, dans la région basse du Jura, 60 à 80 % de Rr en été, pour les chênes pédonculés, à l'âge de 5 ans, et de 30 à 50 % de Rr, en été, pour les chênes rouvres à l'âge de 5 ans également.

Sous réserve que l'alimentation en eau du sol ne soit pas déficiente, on arrive donc très vite, de toutes façons, à la nécessité du plein découvert pour ces deux espèces ligneuses. Mais, en outre, on l'a dit, on doit préférer les traitements qui mettent très tôt les feuillages en lumière, tout en laissant les troncs à l'ombre (ce qui correspond à l'état de futaie régulière).

b) **Comportement d'autres espèces feuillues** - Seules, quelques études comparables concernant le chêne rouge d'Amérique ont été effectuées, de la façon décrite précédemment, par l'auteur. L'allongement de la tige de cette espèce ligneuse, en abri circulaire latéral, est aussi très net, mais les exigences en lumière verticale (photosynthèse) paraissent plus réduites que pour les chênes rouvre et pédonculé.

Par contre, d'autres espèces feuillues ont été étudiées, d'une façon un peu différente, mais très détaillée, par certains chercheurs étrangers ; on les passera assez brièvement en revue dans les lignes suivantes :

HÊTRE COMMUN - Deux études importantes ont été effectuées récemment sur cette espèce ligneuse intéressante, qui vient sans doute au second rang, après les chênes, dans la production ligneuse de notre pays. La plus ancienne (VEZINA - 1960) se rapporte surtout à des sujets âgés de quelques années. La plus récente, celle de BURSHEL & SCHMALTZ (1965) porte sur de très jeunes sujets. Pour suivre la chronologie du développement du hêtre commun, on commencera par la dernière étude.

Dans 2 stations forestières peu éloignées de Göttingen (Allemagne) l'une à sol de lœss décalcifié, l'autre à sol calcaire, 5 types de caissettes ont été installées, avec 5 répétitions (au total 2 x 5 x 5 = 50 caissettes). La réduction du rayonnement incident était obtenue par des claies ajourées, mais le pourcentage de radiations transmis était mesuré par des appareils enregistreurs. La lumière était principalement distribuée par la partie supérieure des caissettes. Ces dispositifs, comme il a été dit à la page ci-dessus, donnaient des rayonnements relatifs de 100 % - 77 % - 19 % - 12 % et 1 %. Ils ont reçu au printemps 1962 des semis de hêtre âgés de 1 an, pour moitié d'origine naturelle, Prélevés en forêt, et pour moitié extraits dans une pépinière. Les résultats furent obtenus au bout d'un an (automne 1962) et de deux ans (automne 1963). Voici quel fut, dans chaque type de sol, et pour chaque sorte de semis, la production de matières sèches obtenue au bout de 2 ans, exprimée en grammes par mètre carré :

Rayonnement relatif	Sol de læss		Sol calcaire	
	Plants de pépinière	Plants naturels	Plants de pépinière	Plants naturels
100 %	748	365	823	302
77 %	553	298	816	277
18 %	366	158	435	
12 %	195	90	269	
1 %	26	7	53	

Ayant analysé les variations des principaux facteurs physiques des stations, les auteurs ont effectué des calculs de tests statistiques qui démontrent que c'est, de beaucoup, le facteur " intensité du rayonnement naturel " qui a exercé la *plus* grande influence sur la croissance des jeunes plants (sauf à partir de 77 % de *Rr* sur sol calcaire). Les autres facteurs interviennent assez peu, ou même pas *du* tout.

Par contre, la croissance en hauteur est restée assez stable, tant que le *Rr* est resté compris entre 20 % et 100 %. Du point de vue de la composition chimique des jeunes hêtres, à l'ombre le pourcentage de matières minérales incorporées dans le petit arbre est relativement plus important, qu'en lumière, où le pourcentage des polyholosides prédomine, ceci en relation évidente avec l'intensité plus grande de la photosynthèse. En résumé, les sujets naturels manifestent, à 2 ans, un accroissement de poids de 70 à 150 kg par hectare dans les stations sombres, et de 3000 kg par hectare dans les stations les mieux éclairées. La différence est, on le voit, très sensible.

HÊTRE COMMUN ET FRÊNE COMMUN -VEZINA (1960) a réalisé un très important travail sur la répartition du rayonnement naturel, ou de la seule lumière, et des précipitations reçues au sol dans diverses stations forestières. Il a effectué simultanément des observations sur l'influence de ces facteurs physiques sur la croissance de fourrés naturels de hêtre commun et de frêne commun, dans des forêts des environs de Zurich. L'âge des sujets était voisin de 10 ans. Ont été étudiées les caractéristiques suivantes :

Nombre des tiges : Quand le *Rr* passe de 29 % à 58 %, le nombre des tiges de hêtre passe de 1425 à 1731 - quand le *Rr* passe de 23 % à 55 %, le nombre des tiges de frêne passe de 230 à 731 (par hectare).

Composition des fourrés : La valeur du *Rr* a peu d'influence.

Structure selon les classes de hauteur et de vitalité : Quand le *Rr* augmente, on constate un déplacement de la courbe de répartition des tiges vers les classes supérieures de hauteur. Les sujets ont également une vitalité plus grande.

Longueur de la pousse annuelle des arbres dominants : Pour le hêtre, elle croît modérément avec l'accroissement de la valeur du *Rr* : *sous* 8 %, longueur de 17 cm, sous 58 %, longueur de 29 *cm*. Ceci en assez bon accord avec les observations de BURSHEL &

SCHMALTZ. Pour le frêne, les différences sont bien *plus* marquées : *sous* 7 %, longueur de 5 *em, sous* 11 % longueur de 8 cm, sous 23 %, longueur de 55 cm et sous 53 %, longueur de 77 cm.

Mortalité due aux gelées printanières : Elle croît quand le découvert (donc le rayonnement nocturne) augmente.

En conclusion, VEZINA estime qu'un *Rr* de 50 % est le plus convenable pour le frêne vers l'âge de 10 ans - un peu moins pour le hêtre, sans qu'une valeur chiffrée soit donnée.

Cet auteur a effectué, en serre, diverses expériences sur des semis de frêne. Dans l'essai le plus complet (1958), 4 éclairements relatifs (85 % -50 % -22 % et 12 %), 2 degrés d'humidité du sol et 2 types de terres (sol brun et sable) ont été employés. Le dispositif était répété 6 fois (96 vases d'expériences au total).

Dans tous les cas, c'est le Rr (plus exactement *l'Er*) le plus fort qui a donné les meilleurs résultats (poids moyen de tige sèche le plus élevé). En moyenne, les chiffres obtenus sur des sujets âgés de 3 ans, au bout de 5 mois d'observation, sont les suivants :

Éclairement relatif	*Gain sur le poids sec de tige (gr)*	*Gain sur la hauteur de tige (cm)*
85%	115,6	17,25
50%	91,6	15,55
22%	67-	14,75
12%	56,7	13,20

Les tests statistiques donnent une liaison extrêmement probable entre le poids sec ainsi que la hauteur des tiges et l'intensité de la lumière (s°°). Ce sont surtout les sols riches, et bien arrosés, qui favorisent le mieux l'utilisation optimale du rayonnement naturel. Mais, dans chaque type d'éclairement, ce sont surtout les sols les plus humides qui se sont révélés les plus favorables. En somme, on trouve ici la confirmation que rayonnement et humidité du sol sont indispensables à la croissance du hêtre et du frêne, comme de tous les végétaux du reste...

Essences d'ombre et essences de lumière - *Une* notion classique en sylviculture est celle des " essences d'ombre " et des " essences de lumière " ; on a beaucoup écrit sur cette question, chaque sylviculteur pense détenir le sens exact qu'il faut lui attribuer, en oubliant de remarquer que, dans la quasi-totalité des cas, il n'a jamais employé des procédés, ou des instruments, même rudimentaires, qui auraient contribué à fortifier, ou bien à modifier sa position. Car, et c'est là le fond même du problème, on discute, scolastiquement, de problèmes qui ne peuvent que recevoir des solutions physiologiques.

Dans un Traité relativement récent, PERRIN (1952) donne la classification suivante, telle qu'elle était admise par l'Allemand GAYER, en 1898 :

	Arbres résineux	*Arbres feuillus*
Essences de lumière	Mélèze-Pin maritime — Pin d'Alep Pin sylvestre Pin pinier Pin laricio de Corse	Bouleau verruqueux — Tremble Bouleau pubescent Chêne pédonculé Chêne pubescent — Chêne tauzin Chêne rouvre
Essences de demi-lumière	Pin de montagne Cyprès	Frêne — Chêne liège — Chêne vert — Ormes Aune blanc — Aune glutineux
Essences de demi-ombre		Tilleuls — Erable champêtre Chataignier, Charme, Grands Erables
Essences d'ombre	Epicéa Sapin If	Hêtre

D'après les résultats obtenus par les mesures précises qui viennent d'être rapportées, on verra que cette classification appelle certaines réserves, et des corrections assez sérieuses.

DE LIOCOURT & SCHAEFFER (1968) ont récemment insisté sur les incertitudes que présentent des classifications de ce genre (car il y en a eu bien d'autres), et sur l'intervention probable d'autres facteurs que la lumière, en cette matière toujours controversée.

Il est évident d'abord, on l'a dit, que les premiers sylviculteurs qui, d'une façon assez générale du reste, ont admis cette notion, n'ont jamais, et pour cause, effectué de mesures précises de lumière, aucun appareil satisfaisant n'étant alors à leur disposition. Mais, ils ont constaté que, dans des trouées, recevant visiblement une assez forte quantité de lumière, certaines espèces s'étaient installées naturellement et avaient persisté ; que par contre, dans des sous-bois denses, où la lumière était manifestement réduite, d'autres espèces s'étaient installées et s'y étaient maintenues. Ils n'ont pas réalisé exactement cette sorte de balancement entre les facteurs énergétiques et hydriques, en particulier, et qui n'a été mis en évidence, dans de nombreuses régions, que récemment (voir page 66).

Leurs observations étaient sans doute pertinentes (en fait, leur sens forestier était bien plus développé que celui de beaucoup de nos modernes sylviculteurs) - mais leur interprétation était incomplète.

On pourrait penser que l'activité photosynthétique unitaire des différentes variétés de chaque espèce ligneuse apporte des éléments chiffrés en faveur de la classification habituelle. Or si, incontestablement, le mélèze d'Europe, par exemple, ou bien le chêne pubescent, ont une assimilation carbonée plus intense, en conditions de lumière égale, que le sapin pectiné, l'épicéa ou même que le chêne vert, cette différence correspond, plutôt, au fait très apparent, que les premières espèces ne conservent leurs appareils foliacés que pendant quelques mois, alors que les secondes ont la possibilité de les faire fonctionner pendant toute l'année (Fig. 25). Par contre, pour les résineux, d'autres types de relations viennent corroborer l'idée que certaines espèces ligneuses utilisent mieux la lumière, même réduite, des sous-bois que d'autres. Ainsi, comparant l'activité physiologique du sapin pectiné, de l'épicéa commun et du pin sylvestre, on trouve, dans l'étude citée de LARCHER (1969) :

- que le " point de compensation " (éclairement le plus bas au-dessous duquel la respiration des aiguilles réutilise plus de matières hydrocarbonées que la photosynthèse n'en fournit), est, pour les 3 espèces ci-dessus, de plus en plus élevé: respectivement 300 lux, 400 lux et 1000 lux ;

- que " l'éclairement de saturation " (au-dessus duquel la photosynthèse nette n'est plus sensiblement majorée), varie dans le même sens, soit respectivement un peu plus de 20 000 lux, un peu plus de 30 000 lux et environ 60 000 lux.

Ceci correspond, dans ses grandes lignes, très partiellement à la classification ci-dessus de GAYER (l'épicéa serait plutôt une essence de demi-lumière) et explique les résultats globaux des observations effectuées dans le milieu forestier (voir pages 98 à 104).

Pour les arbres feuillus, une relation un peu décevante pour les forestiers physiologistes est établie par LARCHER (1961-1969) et par RETTER (1965): le hêtre commun (d'altitude modérée dans la région d'Innsbruck) et le chêne vert (dans la région du Lac de Garde) ont, l'un et l'autre, 2 sortes de feuilles, d'ombre et de lumière, qui réagissent dans chacun de ces deux cas, *à peu près de la même façon,* à une majoration de l'éclairement (Fig. 50). En somme, le hêtre, considéré comme une " essence d'ombre ", aussi bien que le chêne vert, considéré comme une " essence de demi-lumière " ont des feuilles qui, selon leur situation

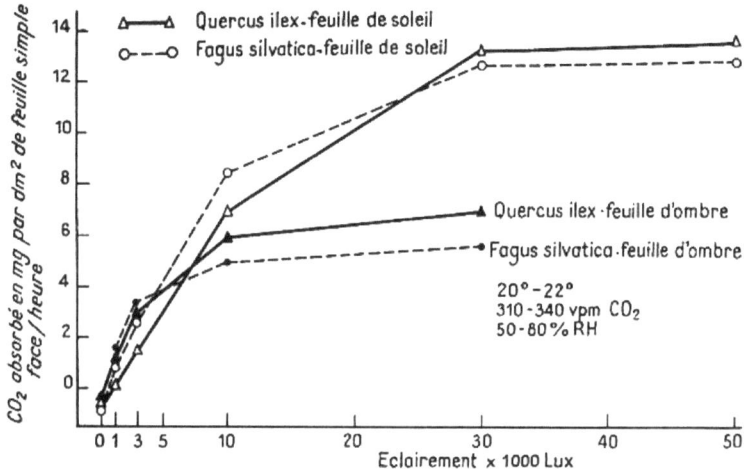

FIG. 50 - **Absorption du gaz carbonique en fonction de l'éclairement, pour les feuilles d'ombre et de soleil du hêtre commun et du chêne vert, au voisinage de l'optimum de température** (LARCHER 1961 - 1969, **RETTER** -1965).

dans les cimes, se comportent, soit comme celles des plantes d'ombre, soit comme celles des plantes de lumière, ainsi que LUNDEGARDH l'avait établi, dès l'année 1921. Il n'y a donc aucune possibilité d'utiliser ces résultats pour tenter de différencier ces deux espèces ligneuses.

Toutefois, il semble que la considération du " point de compensation " permette de comprendre pourquoi le hêtre commun (minimum de 200 à 300 lux) sera un peu favorisé, dans les sous-bois denses, par rapport au chêne vert (minimum de l'ordre de 500 à 600 lux).

JACQUIOT (1970) estime pouvoir, de cette façon, expliquer certains phénomènes d'installation successive, dans des peuplements évoluant à la suite d'un incendie (bouleaux verruqueux à couvert léger permettant l'installation des pins sylvestres, auxquels succèdent des chênes, rouvres et pédonculés, favorisant, en définitive, la constitution de semis de hêtres communs).

Un autre genre de processus est à signaler, dans le cas des " essences d'ombre " et des " essences de lumière " : il concerne l'alimentation des racines en eau et en matières minérales diverses, en fonction des espèces en cause et de la station où elles se développent. On a déjà vu (page 99 ci-dessus) que les chênes, rouvres et pédonculés, abrités latéralement (ou se développant à l'ombre dense) ont une tige allongée, et, corrélativement, au bout de quelques années, un appareil radiculaire plus réduit que celui des chênes en permanence bien éclairés. Le même genre de phénomène se constate, mais précocement, pour l'épicéa commun (Fig. 29). Une expérience récente, non publiée (ROUSSEL - 1969), portant sur 6 espèces résineuses, abritées et non abritées, permet de dresser le petit tableau qui suit, concernant les rapports de la longueur moyenne de l'axe hypocotylé (A), à la longueur moyenne de la radicelle (R) - (s°) :

Groupes	Espèces en expérience	État des semis à l'âge de 3 mois (Rapports A/R)	
		Témoins non abrités	Témoins abrités (abri D = H)
I	Mélèze des Alpes	1,56	1,93
	Pin sylvestre des Vosges	1,11	1,47
II	Épicéa du Jura	0,68	1,12
	Épicéa des Alpes du Sud	0,67	1,17
III	Sapin des Vosges	0,74	0,94
	Sapin de l'Aude	0,79	0,69

Pour les sujets du groupe I (essences dites de pleine lumière) les axes sont toujours nettement plus longs que les radicelles - pour les sujets du groupe III (le sapin des Vosges est une essence d'ombre typique, le cas du sapin de l'Aude est plus incertain), les radicelles sont toujours plus longues que les axes. Pour les sujets du groupe II (essences d'ombre, selon GAYER - essences " tolérantes " selon plusieurs praticiens), les radicelles sont Plus longues que les axes à la lumière, et les axes sont plus longs que les radicelles à l'ombre assez dense. Il y aurait peut-être, dans cette classification, un élément susceptible d'expliquer l'installation et le maintien, sous le couvert, du sapin des Vosges tout au moins (espace de sol prospecté relativement important), la disparition plus ou moins rapide, du mélèze d'Europe et même des pins sylvestres sous un couvert dense (espace de sol prospecté plus réduit qu'en pleine lumière) - et la relative plasticité de l'épicéa commun, " essence ondoyante et diverse ", pour prendre les termes de l'un de nos auteurs classiques. De toutes façons, ce type de raisonnement fait intervenir, non plus le seul rayonnement naturel, mais le complexe : rayonnement / eau, qui varie dans chaque station forestière, et dont il est difficile de séparer les effets, à la période *véritablement cruciale* de l'installation des semis naturels.

En somme, et pour résumer ce qui vient d'être dit précédemment, on pourrait admettre, tout au moins à titre provisoire :

1° que les " essences d'ombre " s'installent assez bien sous le couvert, parce qu'elles ont des racines qui restent assez longues au moment de leur germination, permettant leur bonne alimentation en eau, et aussi, parce que leur " point de compensation " (lumière relative pour laquelle la photosynthèse brute égale la respiration) est situé sous un éclairement assez bas: 2 à 300 lux pour le hêtre commun, et le sapin pectiné. Par la suite, elles profitent d'une majoration -modérée de l'Er (jusqu'à environ 25 % pour le sapin pectiné), alors qu'au-dessus, leur croissance, tout au moins en hauteur, ne s'améliore guère. La saturation lumineuse serait assez vite atteinte.

2° que les " essences de lumière " se rencontrent plus rarement sous le couvert, en raison de l'élongation de leurs tiges, corrélative d'un raccourcissement de leurs racines (alimentation en eau moins favorable), et parce que leur point de compensation est plus élevé: 5 à 600 lux pour le chêne pubescent, 1000 lux pour le pin sylvestre. Elles profitent d'un Er plus fort (jusqu'à 50 % pour l'épicéa, et jusqu'à 80 ou 100 %. pour le pin sylvestre et le mélèze). Les chênes, rouvre et pédonculé, ont, la première année, un point de compensation à peine plus élevé que celui du hêtre, mais il s'élève par la suite. La saturation lumineuse ne serait atteinte, pour les " essences de lumière " âgées de quelques années, que pour 30, 40 ou 50000 lux, soit à peu près, ou même davantage que la moyenne du plein découvert (voir page 34).

Remarques sur le comportement général des résineux et des feuillus - A la page 84 on a montré que les très jeunes résineux sont phototropiques, s'allongent en abri latéral circulaire (effet manchon), puis perdent rapidement ces facultés ; leur développement général est alors intimement lié à l'intensité du rayonnement naturel qui atteint leurs aiguilles.

À la page 99 on a montré par contre que les arbres feuillus, ont, dans leur jeune âge, un développement général lié à leur nutrition carbonée, mais qu'ils peuvent être freinés dans leur croissance par une intensité trop élevée du rayonnement à direction horizontale (phototropisme, élongation en abri latéral circulaire), *et que cet effet se poursuit* pendant un grand nombre d'années. La figure 51, extraite d'un travail déjà ancien d'ENGLER (1924) est tout à fait démonstrative de cette différence de réaction, pour des sujets âgés de 20 à 30 ans au moins. Le résineux (un épicéa commun) reste bien rectiligne - le feuillu (un bouleau verruqueux) continue à s'orienter vers la lumière. Du reste, ENGLER a obtenu la déformation et même la rupture de tuteurs robustes placés contre de jeunes arbres feuillus (des frênes communs) pour tenter de maintenir leur croissance verticale, en conditions de lumière déséquilibrée.

L'effet ralentisseur de la lumière sur la croissance se maintient chez les feuillus, alors qu'il est fugace chez les résineux.

Or, on admet en général, que les gymnospermes, et en particulier que les conifèrales, auxquelles appartiennent toutes les espèces résineuses étudiées, ont commencé à apparaître vers la fin de l'ère primaire (au permien) et qu'elles étaient en plein développement au secondaire, pour régresser légèrement depuis cette époque - alors que les angiospermes, auxquelles se rattachent les espèces feuillues mentionnées, ne se sont manifestées qu'à la fin de l'ère secondaire (au crétacé) et n'atteignent qu'actuellement leur plein développement (DEYSSON - 1961).

Doit-on alors considérer que l'on se trouve en matière d'évolution, en présence de l'un de ces cas assez curieux où, selon la définition qu'en donne le biologiste J. ROSTAND, " ce sont les caractères de l'embryon, ou du jeune, donc transitoires chez l'ancêtre - qui persisteront chez le descendant jusqu'à l'âge adulte, pour s'intégrer au type normal " ? On a proposé, pour ce type de phénomène évolutif, la dénomination de " coenogénèse prophétique " (OSTOYA - 1951).

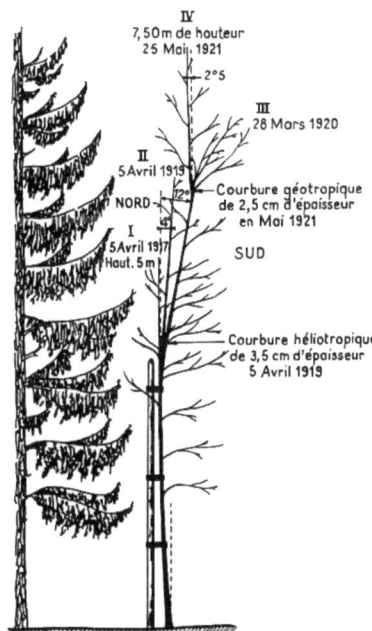

FIG. 51 - **Différence de comportement entre l'épicéa commun** (tronc vertical) **et le bouleau verruqueux**
(tronc et branches s'orientant vers la lumière), **en éclairement déséquilibré (ENGLER** 1924).

Pour certains autres caractères des conifèrales, GAUSSEN (1937-1945) a déjà soutenu cette idée quand il a fait remarquer que " dans une espèce, un caractère susceptible d'évolution peut apparaître plus développé chez le jeune que chez l'adulte ". Dans ce cas, selon cet auteur " *le jeune indique donc le sens de l'évolution future"*.

En ce qui concerne l'aptitude phototropique, fugace chez les coniférales, et persistante chez les fagales, la question vaut, en tous cas, la peine d'être posée ...

Développement des peuplements en fonction du rayonnement naturel absorbé

Dans tout ce qui précède, on a envisagé le cas, très fréquent dans le milieu forestier, où le rayonnement naturel, ayant subi une réduction plus ou moins forte dans les étages supérieurs des peuplements, atteint le niveau du sol où se développent, plus ou moins favorablement, de jeunes arbres installés naturellement (semis), ou artificiellement (plantations). Les considérations que suscite ce genre d'études sont, à elles seules, assez importantes pour justifier les analyses détaillées qui précèdent.

Mais, le peuplement principal lui-même profite en partie de cette absorption, qui se traduit par une certaine allure de sa croissance, en hauteur, en diamètre et en volume, déterminant en définitive un accroissement que l'on appelle, d'une façon générale : la production forestière. En réalité, les sylviculteurs distinguent depuis de nombreuses années deux notions assez voisines :

- l'accroissement proprement dit, qui représente le volume complémentaire ajouté, chaque année, ou pendant une période donnée, au volume des arbres existants dans le peuplement primitif. Cet accroissement est déterminé pratiquement par la différence entre des dénombrements généraux effectués à intervalle régulier ;

- la production, qui est la somme de l'accroissement ci-dessus défini, et du volume des jeunes arbres qui, trop petits pour être dénombrés lors d'un recensement antérieur (en général au-dessous d'un diamètre de 15 à 20 cm à hauteur d'homme), sont venus, entre-temps, s'incorporer au peuplement principal (passage à la futaie). Ce second élément, dans une forêt aménagée, est en général d'assez faible importance et ne représente guère que 1 à 2/10 de l'accroissement proprement dit de l'ensemble de la forêt.

Par analogie avec le taux d'intérêt bancaire, on calcule très souvent un taux d'accroissement, ou un taux de production, qui est le rapport entre l'accroissement, ou la production, et le volume moyen des arbres de la forêt. Certains auteurs font remarquer que cette notion étant mathématique ne devrait pas être utilisée en sylviculture. Mais, n'en est-il pas de même de tous les rapports utilisés dans les sciences les plus diverses : la vitesse, l'accélération par exemple, ou même la " mystérieuse " entropie, et qui présentent cependant un intérêt évident.

On peut logiquement penser qu'il existe un lien entre la quantité de radiations absorbées par les cimes d'un peuplement déterminé, en une année, sur une surface donnée (1 hectare par exemple) et l'accroissement constaté, pendant la même année, sur la même surface, pour l'ensemble des arbres de ce peuplement. En réalité, divers observateurs montrent que les matières, principalement hydrocarbonées, qui sont élaborées, peuvent être fréquemment mises en réserve, pour n'être utilisées qu'au printemps suivant, lors de la reprise de la végétation. Il est donc plus justifié de considérer ce phénomène sur un certain nombre d'années - ce qui élimine, du reste, des conditions climatiques momentanément favorables, ou défavorables, qui sont ainsi englobées dans des données moyennes plus générales.

Relations entre la densité des peuplements et la quantité de radiations absorbées par les cimes - La quantité de radiations absorbées par les cimes (Q) peut, d'une façon assez générale, être déduite de certains éléments relativement faciles à mesurer, selon la relation suivante, dans laquelle A représente l'albédo (en %) de la surface forestière, et T le facteur de transmission au sol (en %) du rayonnement incident :

$$Q = 1 - (A + T)$$

Comme il ressort de ce qui a été dit à la page 42 que le pourcentage de rayonnement transmis au sol est d'autant plus faible que la densité des peuplements est plus grande (Fig. 15), on en déduit que la quantité de rayonnement absorbée par les cimes est d'autant plus élevée que le peuplement est plus dense, et l'albédo plus faible.

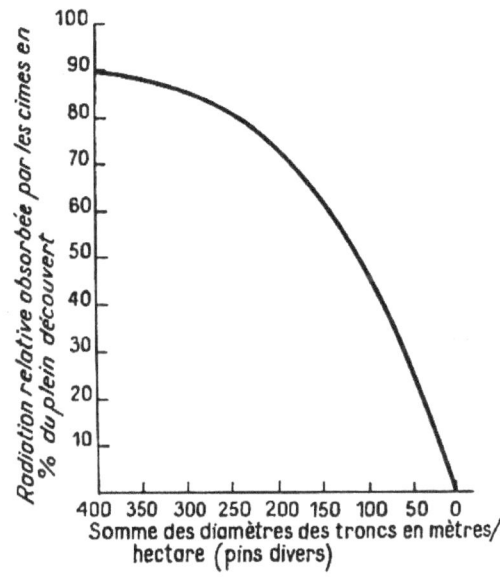

FIG. 52 - Corrélations entre la densité des peuplements et la quantité de radiations absorbées par les cimes de divers pins (courbe obtenue à partir de la figure 15 - **MILLER** 1958).

La figure 52 représente la variation du pourcentage de rayonnement absorbé par les cimes de pins américains divers, telle qu'elle peut être déduite de la relation ci-dessus (albédo admis voisin de 5 %, conformément à ce qu'a trouvé ALEXEYEV pour le pin sylvestre - valeurs du rayonnement relatif transmis au sol selon les données de MILLER). Pour le pin sylvestre, ALEXEYEV (1963) obtient un type de figure semblable.

Si l'on accepte la formule proposée par l'auteur, en ce qui concerne la liaison entre le nombre des tiges d'un peuplement et le pourcentage de rayonnement transmis au sol (ROUSSEL - 1946) - voir page 41, on obtient la relation suivante :

$$Q = 1 - \left(A + \frac{K}{N}\right) \text{ ou mieux } Q = 1 - \left(A + \frac{K}{K + N}\right)$$

A représentant l'albédo de la surface boisée, K la constante par espèce ligneuse (20 dans le cas des sapins et des épicéas) et N le nombre de tiges par hectare.

Toutes ces fonctions sont représentées par des courbes d'allure analogue : la quantité de radiations absorbées par les cimes Q croît avec la densité des peuplements, d'abord très vite, puis de plus en plus lentement, de telle sorte que pour une densité voisine de 90 à 95 %. de la densité maximale, elle se maintient autour d'une valeur relativement stable.

Il est à remarquer qu'il existe, très probablement, des relations du même genre entre la densité des peuplements, et la quantité d'eau ou de matières minérales absorbées dans le sol, ou bien la quantité de gaz carbonique absorbée dans l'air. Mais la mise en évidence de ces relations est bien plus difficile à effectuer, directement.

Au surplus, c'est *immédiatement,* au moment où ils atteignent les feuillages ou les aiguilles, que les photons, rouges et bleus surtout, du rayonnement naturel, doivent être absorbés par les cimes. Sinon, ils sont renvoyés vers le ciel, ou sont absorbés par le sol où ils se dégradent en chaleur, et sont ainsi définitivement perdus pour la photosynthèse. L'absorption de l'énergie, élément très fugace, doit donc être effectuée instantanément.

Par contre, le gaz carbonique de l'air, les matières minérales, et à un moindre degré, l'eau du sol se présentent sous forme d'éléments chimiques relativement stables et disponibles, pendant un temps beaucoup plus long. Les molécules de gaz carbonique qui ne sont pas absorbées à un instant donné, peuvent, elles-mêmes ou bien leurs semblables, servir quelques minutes, quelques heures, ou bien quelques jours plus tard. Les matières minérales non utilisées au printemps pourront être atteintes par les racines au cours de l'été suivant. L'eau du sol, apportée par les pluies, et lentement évaporée ou transpirée, présente également une réserve d'une certaine stabilité (CLARK - 1961).

Tout ceci fait que la relation: densité des peuplements/quantité de rayonnement absorbé par les cimes est d'une plus grande importance théorique que la relation : densité des peuplements / quantité d'eau ou de matières minérales absorbée par les racines.

On doit remarquer cependant que la relation donnée plus haut

$$Q = I - (A + \frac{K}{K+N})$$

ne tient pas compte de la faible part du rayonnement qui, arrivant au sol, est réfléchie sous forme de radiations de courte longueur d'onde, et atteint alors les cimes, par leur partie inférieure. Mais, outre que cet albédo de la surface des sous-bois est en général très faible, en valeur absolue, on doit remarquer que les cellules les plus actives du point de vue de la nutrition carbonée sont situées, en général, à la partie supérieure des appareils foliacés, et que l'influence du rayonnement ainsi réfléchi est très faible sur la photosynthèse.

Relations entre la densité des peuplements forestiers et leur accroissement en volume
- Bien que périodiquement contestée (pour des raisons qui n'ont souvent rien de scientifique), cette relation ne semble guère devoir être niée. Ceci ressort, en particulier, de l'examen des " tables de production " établies pour de nombreuses espèces ligneuses, et qui, pour chaque type de station, donnent l'allure de la croissance des peuplements en fonction de leur densité.

En Allemagne, ce genre d'études a été très développé; on a, par exemple, les relations numériques suivantes, d'après PARDÉ (Dendrométrie - 1961) :

TABLES DE 1959 (ALLEMAGNE)

Espèces *Facteur de réduction de l'accroissement courant optimal pour un « degré de couvert » de :*

	1	0,9	0,8	0,7	0,6	0,5	0,4	0,3	0,2	0,1
Chêne	1	1	0,95	0,9	0,8	0,65	0,5	0,35	0,2	0,1
Hêtre	1	1	1	1	0,9	0,8	0,7	0,55	0,4	0,2
Epicéa	1	1	1	0,95	0,8	0,65	0,5	0,35	0,2	0,1
Pin sylvestre	1	0,95	0,9	0,85	0,75	0,65	0,55	0,4	0,3	0,1

Comme on le voit, pour beaucoup d'espèces, on ne gagne plus grand-chose en dépassant le degré de couvert de 0,8 mais, à partir d'un degré de couvert de 0,5, la chute d'accroissement est très rapide.

En 1965, ASSMANN a publié de nombreuses tables de production pour l'épicéa (près de 1500 données de places d'expériences exploitées avec un ordinateur I.B.M.), en distinguant 11 classes de stations, avec, dans chacune d'elle, 3 niveaux de production - soit, au total 33 types de stations de fertilité différente). Voici, du reste, comment varie, pour une station de très bonne qualité, niveau moyen de production, l'accroissement courant annuel des peuplements At (en mètres cubes de bois de 7 cm de diamètre et au-dessus, par hectare) à l'âge de 40, 80 et 120 ans, en fonction de la " surface terrière " (somme des surfaces des troncs mesurée à 1,30 m de hauteur), caractérisant parfaitement la densité des peuplements (S.T. = surface terrière en mètres carrés par hectare) :

Surface terrière relative (degré d'ensouchement) *par rapport à celle considérée comme donnant l'accroissement optimal*

Ages		0,4	0,5	0,6	0,7	0,8	0,9	1,0	1,1	maximum
40 ans	S.T	14,5	18,2	21,8	25,4	29,0	32,7	36,3	39,9	41,8
	At	7,4	9,6	11,6	13,4	14,9	16,—	16,4	16,4	16,1
80 ans	S.T	22,1	27,7	33,2	38,7	44,2	49,8	55,3	60,8	60,9
	At	5,4	7,—	8,6	10,—	11,2	12,—	12,4	12,3	12,3
120 ans	S.T	24,3	30.4	36.5	42.5	48.6	57.7	60.8		64.2
	At	3.5	4.6	5.7	6.6	7.4	8.	8.2		8.2

La figure 53 représente l'allure générale des courbes d'ASSMANN, en exagérant la position de l'optimum par rapport au maximum, dans le cas des peuplements relativement jeunes (jusqu'à 80 ans). On remarque que, selon cet auteur, l'accroissement des peuplements *très denses*, est un peu inférieur à celui des peuplements denses. Mais, à partir de 90 ans, on ne constate plus aucune différence d'accroissement, entre les densités considérées comme optimale et maximale.

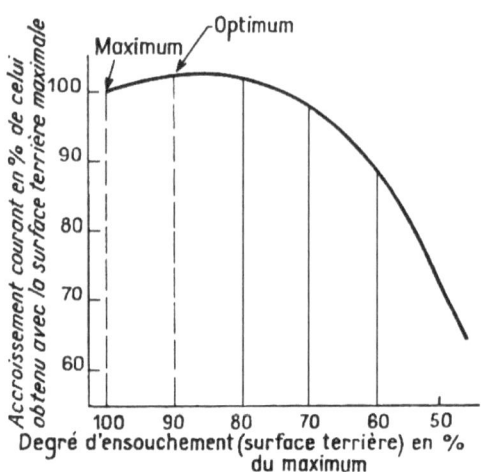

FIG. 53 - Relations entre le degré d'ensouchement d'un peuplement et son accroissement courant par hectare et par an (selon ASSMANN).

D'autres tables de production, très élaborées, relèvent la même relation, très marquée, entre la densité des peuplements et leur accroissement courant annuel (les tables suédoises pour l'épicéa et le pin sylvestre en particulier).

Il est à noter que les tables de production ne fournissent que des renseignements valables pour des peuplements bien réguliers et équiennes (de même âge) et que, dans la pratique, la majorité des forêts sont constituées de peuplements d'âges différents, juxtaposés, soit de façon intime (cas des futaies dites jardinées), soit par grandes masses d'âge égal (cas des futaies dites régulières). Ceci, afin de permettre de passer de la production discontinue que constitue la récolte de l'arbre, à la production continue, régulière et annuelle de préférence, que doit assurer une forêt aménagée. C'est pour de telles forêts aménagées (environ 40 000 hectares de sapinières et de pessières du Jura, des Alpes et des Pyrénées), que ROUSSEL & LEROY (1956) ont établi des relations statistiques, par la méthode des coefficients de corrélation (r), entre la densité des peuplements et leur production, calculée sur des périodes de temps, en général de l'ordre de 15 à 20 ou 25 ans. La figure 54 montre qu'il existe une certaine concordance entre les relations qu'ils ont établies expérimentalement (s° ou s°°) et la courbe type d'ASSMANN (Fig. 53), ainsi qu'avec la courbe représentant le pourcentage de rayonnement absorbé par les cimes (Fig. 52). Les forêts " réelles " étudiées par ROUSSEL & LEROY auraient, d'une façon générale, un matériel moyen inférieur, ou très inférieur, à celui des forêts " théoriques" que l'on peut imaginer, en se basant sur les tables de production d'ASSMANN. Cette considération est intéressante à relever, à une époque où l'on avance fréquemment, sans grande raison du reste, que les forêts de sapin ou d'épicéa de notre pays ont un matériel moyen beaucoup trop élevé.

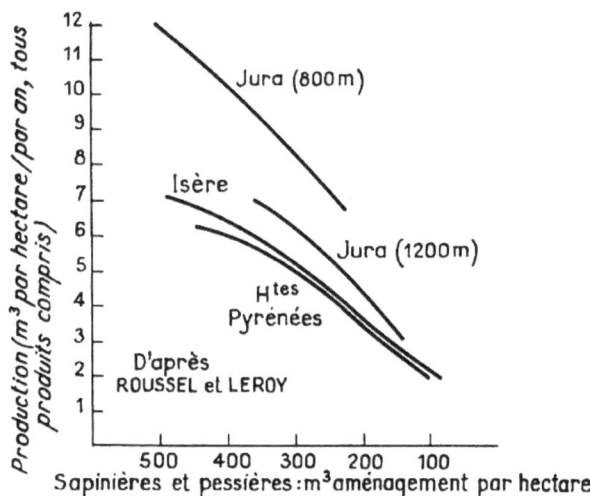

FIG. 54 - Corrélations statistiques (lignes de régression) **entre la densité de peuplements résineux divers, et l'accroissement, ou la production, par hectare et par an (ROUSSEL et LEROY 1956).**

ALEXEYEV (1963), étudiant des peuplements de pin sylvestre en U.R.S.S., a établi des relations analogues ; l'âge des peuplements étudiés était le même (70 ans), les stations identiques, seule variait la densité des peuplements présentée, ici, en fonction de celle considérée comme optimale. La surface terrière (en mètres carrés par hectare) est indiquée par le symbole S.T., le pourcentage de rayonnement, efficace dans la photosynthèse, absorbé par les cimes est représenté par le symbole Ab, et l'accroissement courant annuel en mètres cubes par hectare par le symbole At :

Densité relative

aleurs diverses	0,3	0,4	0,5	0,6	0,7	0,8	0,9	1,0	1,1	1,2	1,3
S.T	9,3	12,4	15,5	18,6	21,7	24,8	27,9	31,—	34,1	37,2	40,3
Ab	38,5%	55%	64%	69,5%	71%	73%	74%	75%	76%	77%	78%
At	1,2	1,6	2,—	2,4	2,8	3,2	3,6	4,—	4,4	4,8	5,2

Le coefficient de corrélation entre le pourcentage de rayonnement absorbé par les cimes et l'accroissement annuel courant est voisin de + 1 (liaison directe absolue). Il est à remarquer que, selon ce tableau, l'accroissement du peuplement ne plafonne nullement quand la densité relative est, en théorie, optimale (S.T = 31 m^2 - At = 4 m^3), mais croît régulièrement quand la densité du peuplement s'accroît. On ajoutera qu'ALEXEYEV est considéré comme l'un des meilleurs spécialistes de photologie forestière en U.R.S.S., mais on peut penser que les relations ci-dessus sont un peu " schématisées «.

RIEDACKER (1969), analysant les tendances actuelles de la sylviculture américaine en matière de production de bois de papier à très courte révolution (sycomore américain), souligne qu'en plantant à un espacement de 2,40 m x 2,40 m, on obtient, au bout de 4 ans 1/2, 74 185 kg de bois frais par hectare. En plantant à 1,20 m x 1,20 m (soit 4 fois plus de sujets), on récolte, pour la même période, plus de 180 000 kg de bois frais par hectare, soit une production bien plus de deux fois supérieure.

Toutes ces relations, concordantes, semblent confirmer l'exactitude du système logique de liaison proposé : densité plus grande des peuplements = absorption plus importante de rayonnement par les cimes = nutrition carbonée plus élevée = accroissement annuel en volume, ou en poids, nettement supérieur.

Relations entre la densité des peuplements et l'accroissement individuel des arbres qui les constituent - Bien que concordantes, les données ci-dessus sont parfois contestées par certains sylviculteurs qui mélangent, d'une façon souvent inconsciente, des considérations physiologiques (production totale de matière brute) et des considérations économiques (dimension individuelle et valeur des arbres récoltés). En effet, si la production globale est très probablement liée à la densité des massifs, les dimensions individuelles des arbres produits sont, incontestablement, d'autant plus fortes que le peuplement est plus clairiéré. Vaut-il mieux alors obtenir, à un âge donné, un volume élevé de bois de dimensions modérées, ou bien un volume plus faible, constitué d'arbres de plus grosses dimensions, et dont la valeur économique totale est plus élevée ? et qui, au surplus, s'accroîtront souvent plus rapidement que ceux des peuplements denses ?

Selon ASSMANN, par exemple, dans la station de très bonne qualité, niveau moyen de production, étudiée plus haut, à l'âge de 100 ans, le diamètre à hauteur d'homme de l'épicéa produit est de 0,46 à 0,47 cm, quand le degré d'ensouchement est de 0,50 environ, par rapport à l'optimum théorique, alors qu'il n'est que de 0,37 à, 0,38 m, pour une densité de 1,20 par rapport au même optimum théorique. Ceci, on l'a dit, bien que la production totale du peuplement soit près de 2 fois supérieure dans ce dernier cas.

Dans l'exemple de RIEDACKER, également cité plus haut, avec un espacement de 2,40 m x 2,40 m, le poids frais individuel du jeune arbre à 4 ans 1/2 est de 37 kg, alors qu'il n'est que de 22,5 kg quand l'espacement des sujets est de 1,20 m x 1,20 m. Mais, on l'a vu également, la production totale est plus de deux fois plus élevée dans ce second cas.

Chez les peupliers, arbres pour lesquels ces considérations ont une grande importance, POURTET (1964) a mis en évidence des relations du même genre, pour des plantations comparatives effectuées dans une vallée tourbeuse du Nord-Est de la France. Par exemple, pour 8 clones en expérience, dans les blocs ou les sujets sont espacés de 7 m x 7 m et de 8 m x 8 m, à 12 ans, la circonférence moyenne des jeunes arbres est de 0,745 m (accroissement cumulé des 4 dernières années: 0,192 m). Pour des espacements de 9 m x 9 m et de 10 m x 10 m, ces données sont portées respectivement à 0,784 m et à 0,278 m. Mais, à 12 ans, la somme des circonférences des arbres existant dans les blocs relativement denses est très supérieure (134 m) à celle des circonférences des arbres situés dans les blocs un peu moins denses (88 m). Le même auteur, qui est l'un des bons spécialistes de la populiculture sur le plan mondial, vient, du reste, de publier d'autres documents qui confirment, d'une manière indiscutable, les considérations qui précèdent. Il s'agit, cette fois, d'un clone spécial, " le robusta ", installé en très bon sol au Populetum de Vineuil, dans le pays de Loire; les blocs comparatifs ont été plantés à des densités différentes (10,5 x 10,5 m - 7 x 7 m et 3,5 x 3,5 m). Les nombres d'arbres sont, respectivement, de 90, 200 et 800 par hectare.

Les, circonférences individuelles des arbres, à 19 ans, sont, dans l'ordre ci-dessus de densité, de 1,295 m, 1,126 m et 0,871 m. L'accroissement moyen annuel à cet âge, depuis la plantation, varie dans le même sens ; soit : 0,061 m, 0,045 m, 0,024 m sur la circonférence.

Et cependant, les volumes totaux à l'hectare sont d'autant plus élevés que la plantation est plus dense :

A 15 ans: respectivement: 63 m3 - 120 m3 - 360 m3
A 17 ans: respectivement: 85,5 m3 - 150 m3 - 408 m3

Mais, en tenant compte de la valeur de vente différente des bois produits dans ces divers cas, on trouve que la plantation, économiquement la plus intéressante, est celle où l'espacement est de 7 x 7 m (POURTET - 1970).

Un petit problème reste cependant en suspens. Les tables d'ASSMANN, comme le tableau d'ALEXEYEV, font état d'un optimum théorique de densité, qui, pour des peuplements d'âge jeune ou moyen, devrait donner une production très légèrement supérieure à celle obtenue avec la densité maximale. ASSMANN est un auteur très sérieux, dont les travaux sont appréciés dans une bonne partie du monde forestier. Comment expliquer cette sorte de légère entorse à la règle générale de liaison: densité/production ? On pense à un meilleur fonctionnement physiologique des appareils foliacés des arbres, qui, très légèrement desserrés, transpireraient mieux et conserveraient plus longtemps leurs stomates ouverts, en accentuant ainsi leurs échanges gazeux par rapport aux arbres des peuplements trop fermés. On peut également faire intervenir (car la densité optimale théorique est obtenue par une faible éclaircie du peuplement supposé à sa densité maximale), le suréclairement des aiguilles, demeurées jusqu'alors dans l'ombre dense, et qui, légèrement " survoltées", fonctionneraient plus activement que celles qui seraient restées constamment en plein découvert (Fig. 24).

APPLICATIONS SYLVICOLES

Dans tout ce qui précède, on s'est efforcé de caractériser le microclimat des diverses stations sylvestres, par la valeur du rayonnement relatif reçu au sol. On a bien souligné que, dans une région déterminée, les variations du rayonnement relatif s'accompagnent d'un changement corrélatif, pour de nombreux autres facteurs, physiques et chimiques, dont l'importance est reconnue pour le bon développement des arbres forestiers. Mais, les variations du rayonnement relatif semblant, dans le sous-bois, être les plus efficaces, et caractérisant les changements dans la densité du couvert, on a adopté cette notion comme base de référence principale.

Ayant, d'autre part, examiné les réactions des jeunes espèces ligneuses aux modifications de ce rayonnement relatif (ainsi que des autres facteurs physiques qui varient avec lui), il est possible, dans un type de station déterminé, et avec quelques-unes des espèces qui ont été expérimentées, de tirer certaines conclusions sylvicoles pratiques, qui, on le pense, seront valables pour des cas analogues.

Régénération naturelle du sapin pectiné et de l'épicéa commun en altitude, sur sols de rendzine

L'installation des régénérations naturelles, à partir des graines fournies périodiquement par les semenciers (souvent tous les 2 ans pour le sapin pectiné, et tous les 4 ans pour l'épicéa commun), ne semble pas présenter de grandes difficultés. Cependant, il faut tenir compte des remarques suivantes :

À l'ombre dense habituelle des futaies de ces régions (de 2,3 à 4 % de Rr), la germination des graines de ces deux espèces se produit aussi bien que dans les larges clairières. Mais immédiatement, on observe une différence entre le comportement du sapin, qui conserve, même à l'ombre, une radicelle longue, et celui de l'épicéa qui, dans les mêmes conditions, se développe en formant un axe hypocotylé long, et une radicelle courte. Dans les printemps et les étés humides, ces deux espèces se maintiendront et leurs racines, en s'enfonçant, les garantiront d'un dépérissement par déséquilibre entre l'absorption de l'eau et la transpiration. Mais, si cette partie de l'année est sèche, les semis d'épicéas risquent de disparaître, surtout sous des peuplements plus âgés de cette espèce, à racines en général superficielles (DUCHAUFOUR - 1959). Il semble donc qu'il y ait intérêt à pratiquer, pour l'épicéa, l'ancienne " coupe d'ensemencement ", avant la chute des graines, et apportant environ 10% de *Rr* au sol (par exemple : trouées circulaires d'un diamètre égal à la hauteur des arbres sur pied si le peuplement primitif est très dense - ou densité des tiges de l'ordre de 250 à 300 par hectare). Il est à remarquer que cette seule considération suffit à expliquer le curieux phénomène " d'alternance " entre l'épicéa et le sapin, tout au moins sur les sols parfois superficiels du Jura, et qui a été statistiquement établi (MILAN SIMAK - 1951); en effet, le sapin pectiné, dont la racine est en général plus longue, même à l'ombre dense, souffre moins de la concurrence des racines superficielles des grands épicéas, et s'installe avec moins de difficultés sous cette espèce (en fait, un *Rr* de 5%. suffit à le maintenir en vie dans sa jeunesse). On a pensé également à des phénomènes de " télétoxie " entre les racines d'épicéa et de sapin, ou à des différences, selon la nature des espèces, dans l'activité biologique des sols (SCHAEFFER et MOREAU, 1958-1959), pour expliquer ce fait, qui est, du reste à la base d'une méthode originale de régénération naturelle de l'épicéa, sous l'épicéa, en passant par le stade sapin (BOURGEOIS).

Il convient de remarquer enfin que l'apport, dès la germination, du *Rr* indiqué (10 % pour l'épicéa et 5 % pour le sapin) est une condition nécessaire, *mais non pas suffisante,* pour réussir une bonne régénération naturelle, et que certains autres éléments interviennent, dont la nature n'est pas encore exactement précisée.

Par la suite, et une fois les sujets installés, on doit, progressivement, et jusqu'à l'âge de 15 à 20 ans, apporter un *Rr* de l'ordre de 50 % pour l'épicéa et de 25 %. pour le sapin. C'est le rayonnement qui règne habituellement, dans le premier cas dans de très grandes trouées seulement, dans le second cas, dans de grandes trouées, pratiquées dans des peuplements en général très denses de ces espèces dans leur habitat naturel (Fig.33).

On n'a pas intérêt du reste, pour cette période de 15 à 20 ans, qui couvre pratiquement le temps pendant lequel les peuplements sont maintenus en régénération, à augmenter trop le découvert. On risque, pour le sapin, des dégâts dus aux gelées printanières, et, de toutes façons, on enlève des arbres de futaie, de grosses dimensions, mais à cimes réduites et qui continuent à apporter un accroissement non négligeable à celui de l'ensemble des parcelles en cours de régénération, sans gêner le développement des jeunes sujets.

Par la suite, on l'a vu, la nécessité pour avoir une production élevée, et d'une qualité supérieure (les résineux en peuplements serrés ont des accroissements étroits, appréciés des utilisateurs) oriente le traitement vers des massifs denses, et visités par des éclaircies fréquentes, mais légères, qui maintiennent les peuplements au voisinage de leur densité maximale. Ceci sous réserve, bien entendu, que l'alimentation en eau du sol soit suffisante - condition souvent réalisée dans les régions montagneuses où se développent ce genre de forêts (1,20 m à 1,50 m et même à 1,80 m de précipitations par an).

Régénération naturelle du chêne rouvre et pédonculé, dans des taillis sous-futaie de plaine, sur sol profond
(type limon des plateaux)

Dans ces peuplements, les semenciers de chêne rouvre et pédonculé sont presque toujours assez abondants et, tous les 5, 6 ou 8 ans, un certain nombre d'entre eux donne une quantité appréciable de glands, qui tombent au sol en octobre. Ils sont recouverts, par la suite, des feuillages morts, et, si le premier printemps est favorable (humidité du sol suffisante et froids non excessifs), ils forment des racines, puis, en avril, donnent de jeunes tiges qui sortent du sol et se terminent par les premiers feuillages.

Souvent, une seconde pousse plus réduite (dite de la St Jean) se manifeste au début de juillet, on l'a dit plus haut, et parfois une troisième à la fin de l'été.

Si, au cours de l'été qui suit cette germination, les jeunes chênes reçoivent un Rr inférieur à 4 ou 5 %, bien que restant d'aspect très satisfaisant, ils ne peuvent accumuler assez de réserves pour assurer leur croissance au cours du printemps suivant, et ils disparaissent en majeure partie au cours de la seconde année (Fig. 55).

Il est donc indispensable, *dans l'hiver qui suit la chute des glands,* d'éclaircir sérieusement les taillis (dont la densité doit être ramenée à 400 ou 500 brins par hectare), tout en conservant les semenciers sur pied. De cette façon, on arrive, au cours de l'été suivant, à un Rr de 10 à 15%, suffisant pour assurer une bonne survie des sujets. Si, par suite de circonstances très défavorables (glands de mauvaise qualité, germant mal, attaques très précoces d'insectes ou de maladies cryptogamiques, gelées printanières sévères ou sécheresse estivale exceptionnelle) la régénération naturelle était détruite, on disposerait encore des semenciers et d'un taillis assez dense pour pouvoir attendre une nouvelle année de semences, en évitant une croissance excessive des ronces et des morts-bois divers, qui n'attendent que l'apport de radiations pour manifester souvent un développement explosif.

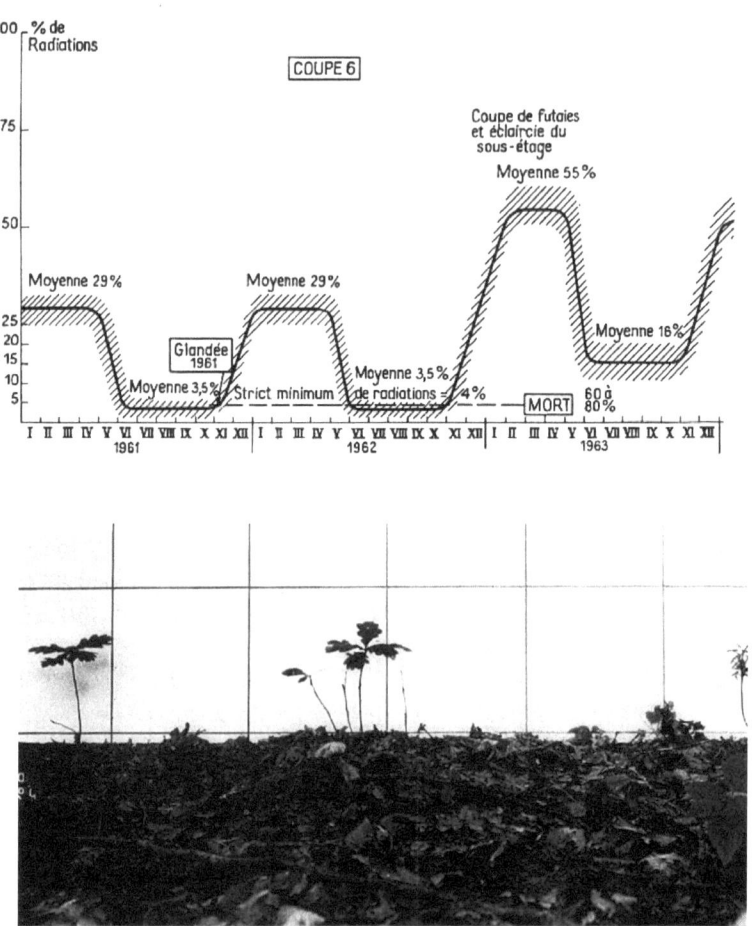

FIG. 55 - **Variations du rayonnement relatif au sol dans un taillis sous futaie éclairci tardivement (55A) et état de la régénération naturelle de chênes pédonculés, au bout de 4 ans de couvert** (5 % de Rr en été) (quadrillage 0, 15 x 0, 15) (5 5 B).

Si ces opérations ont réussi (figure 56), et que la glandée s'ancre convenablement dans le sol, on continuera, par la suite, à augmenter le découvert, de telle sorte que le *Rr* soit, très approximativement, *de 10 % par année d'âge*. À 10 ans, les taches de semis devront donc être complètement dégagées, et libres de tout couvert supérieur.

Lors des glandées suivantes, les arbres restant sur pied entre les bouquets de semis et de fourrés, disparaîtront progressivement. Par la suite, les jeunes chênes à l'état successif de gaulis, de perchis, puis de jeunes futaies, seront maintenus dans un état assez dense :

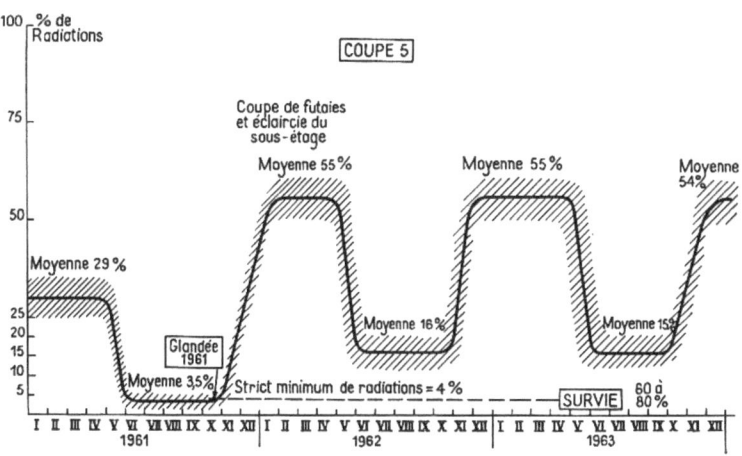

FIG. 56 - Variations du rayonnement relatif au sol, dans un taillis sous futaie éclairci dès la chute des glands (56 A) **et état de la régénération naturelle de chênes pédonculés au bout de 4 ans** (1 5 à 30 % de Rr en été) (quadrillage 0, 15 x 0, 15 m) (56 B) (ROUSSEL 1966).

D'abord, on l'a dit, parce qu'il est probable, ainsi que ceci a été démontré pour des sujets jusqu'à l'âge de 5 ans, que la proportion de bois de tige, par rapport au volume total de l'arbre, est plus élevée dans le cas des peuplements denses que dans celui des peuplements clairiérés (dans ces dernières conditions, les arbres forment à peu près autant de bois de tige et de branches que de bois de racines).

Ensuite, parce que ces arbres, légèrement éclaircis, mais à troncs restant ombragés, forment un bois plus pauvre en rayons ligneux, à plus forte proportion de bois de printemps, en somme de meilleure qualité technologique. En outre, comme on l'a indiqué page 112 ci-dessus, l'accroissement en volume de l'ensemble du peuplement est dans ce cas le plus élevé (voir tables de production allemandes datées de 1959). Évidemment, à un âge déterminé, le volume moyen de l'arbre produit dans de tels peuplements sera plus faible que celui du chêne, bien isolé, de taillis sous-futaie classique (comprenant quelques dizaines de tiges par hectare). Mais, que l'on songe que la production moyenne actuelle d'un taillis sous-futaie du Nord-Est de la France n'est guère que de 1 à 1,5 m3 de bois d'œuvre par hectare et par an alors que les chiffres de production régulière des futaies de chêne aménagées sont de 4 à 5 fois supérieurs en quantité, et beaucoup plus forts encore économiquement, si l'on considère la qualité du matériau récolté. L'approvisionnement suffisant en eau du sol demeure, là aussi, absolument indispensable.

Enrésinement des taillis sous-futaie pauvres en réserves sur sol profond (type limon des plateaux)

Ce genre de problème se rencontre pratiquement d'une façon assez fréquente, en raison des tendances actuelles de la sylviculture, de remplacer les taillis feuillus, très abondants dans une bonne partie de la France, par des plantations résineuses dont l'avenir est bien plus prometteur (bois de râperie, poteaux, etc...). Certes, on développe actuellement des établissements industriels susceptibles d'absorber des quantités croissantes de petits bois feuillus, mais ces produits sont achetés sur pied à des prix très faibles (de 5 à 10 fois moins cher, par mètre cube, que les petits bois résineux de bonne qualité), et la faveur des sylviculteurs reste aux enrésinements.

Or, il faut bien reconnaître que l'on manque de données précises pour effectuer des opérations de ce genre, surtout depuis que l'on utilise assez largement des espèces non indigènes à croissance dite " rapide ", que l'on connaît assez mal du point de vue de leurs exigences en lumière. On ne peut guère - bien que ceci se pratique parfois - penser raser complètement les taillis à enrésiner, car, outre que les frais engagés sont très importants (pour l'exécution du premier travail, et pour l'entretien indispensable), ce genre d'opération modifie, d'une façon parfois défavorable, l'ensemble des facteurs microclimatiques des stations. Fréquemment donc, on pratique des bandes, ou des trouées, où l'on installe par plantation de jeunes résineux élevés en pépinière (ou bien où l'on se contente de semer des graines), et ce sur une partie seulement de la forêt. De cette façon on transforme le peuplement primitif qui, dans de nombreux cas, pourra se perpétuer naturellement par la voie, bien moins coûteuse, de l'enrésinement naturel. C'est évidemment, un travail de longue haleine, mais un sylviculteur averti sait très bien que toute œuvre durable est soumise à la contrainte inexorable du temps.

Des tendances diverses s'opposent, en ce qui concerne ce genre d'opération, mais il semble que, de toutes façons, il convient d'assurer aux jeunes plants, ou aux semis, des conditions de *Rr* favorables pour être assuré, qu'au *moins sur ce point,* l'une des conditions d'une bonne croissance est remplie.

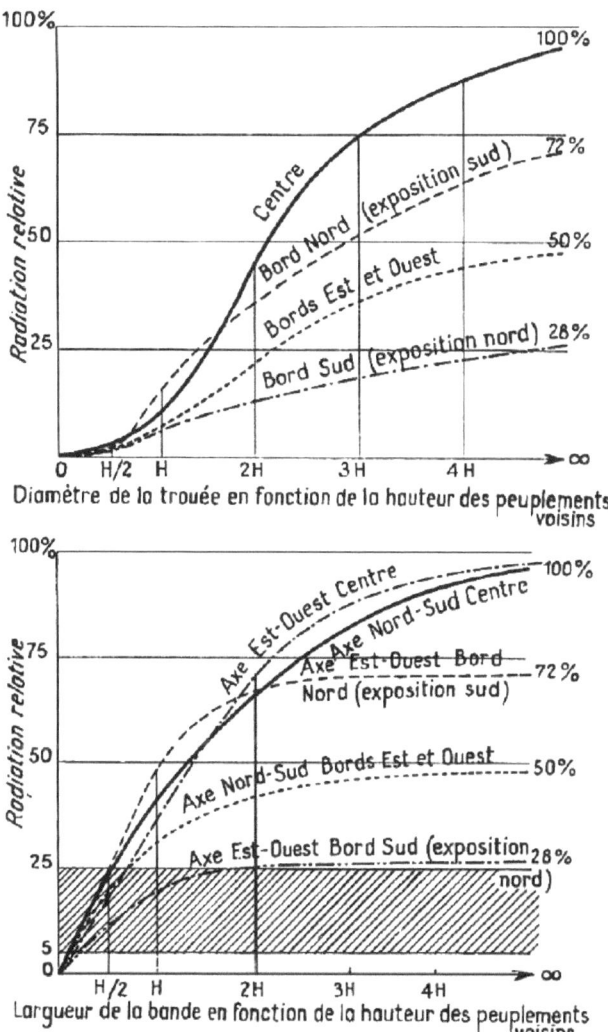

FIG. 57 - Répartition théorique du rayonnement relatif au sol dans des trouées circulaires et dans des bandes de largeurs et d'orientations diverses. La zone hachurée correspond aux exigences croissantes du sapin pectiné du Jura, de 5 % environ dans sa première année de croissance, jusqu'à 25 % environ vers l'âge de 15 à 20 ans) (ROUSSEL 1962).

La figure 57 représente, sous une forme un peu différente de celle adoptée à la page 37 ci-dessus, comment le *Rr* se répartit, en divers points de trouées circulaires et de bandes, définies par ailleurs comme il est dit plus haut, en fonction de la hauteur des peuplements voisins. Ceux-ci étant, on le précise bien, supposés très denses.

D'un autre côté, des observations, comme celles relatées à la page 86 ci-dessus permettent de déterminer, approximativement, la zone de Rr convenable pour chaque variété de chaque espèce utilisée. Par exemple, dans la figure 57, partie inférieure, on a figuré par des hachures la zone de Rr qui semble convenir au sapin pectiné du Jura (sous réserve qu'un été exceptionnellement chaud et sec ne vienne éliminer la majorité de sujets). On voit, sur cette figure, que le sapin pectiné peut être installé de préférence dans des bandes orientées Nord-Sud, d'une largeur égale à la moitié, de la hauteur des taillis voisins, supposés adultes (soit souvent d'une largeur de 4 m dans un taillis de 8 m de hauteur totale), et sur le bord sud (exposé au nord) des bandes orientées Est-Ouest, d'une largeur quelconque.

Voici, du reste, pour les 12 espèces (ou variétés) en expérience depuis 8 années, quelques indications générales sur leur emplacement souhaitable selon le type et l'orientation des bandes.

Douglas (race maritime)	= bandes larges (sauf au sud de la bande orientée Est- Ouest)
Épicéa commun (Alpes du Sud)	= d°
Épicéa commun (Jura)	= bandes normales (sauf au sud de la bande orientée Est- Ouest)
Épicéa omorica	= d°
Épicéa de sitka	= d°
Mélèze du Japon	= découvert total rapide
Pin laricio de Corse	= bandes normales (sauf au sud de la bande orientée Est- Ouest)
Pin Weymouth	= d°
Sapin de Nordmann	= d°
Sapin pectiné (Aude)	= d°
Sapin pectiné (Jura ou Vosges)	= bande étroite - bandes normales dans la partie sud, en cas d'orientation Est-Ouest
Sapin de Vancouver	= bandes normales (sauf au sud de la bande orienté Est- Ouest)

Quand l'on envisage l'installation naturelle, par voie de semences, dans des taillis parsemés de résineux assez âgés des espèces ci-dessus (pour tant est qu'ils aient pu se reproduire dans les stations où ils sont installés), le plus simple sera de donner aux semis, très rapidement, un Rr de 35 %. qui s'est avéré le plus favorable à *un ensemble* de sujets d'espèces variées (sauf pour le sapin pectiné du Jura qui se contente d'un Rr de 20 à 25 %, et pour le mélèze du Japon, qui demande très vite un Rr de 100%). L'examen de la figure 57 indique que, dans un taillis supposé très dense, le Rr de 35 %. sera atteint (en été) du centre au bord nord des grandes trouées (d'un diamètre de 16 m dans des taillis de 8 m de hauteur, par exemple). Au Sud, et sur les bords Est et Ouest, le Rr sera un peu insuffisant. Mais les sujets, en général assez " plastiques " n'en souffriront pas trop. La présence, dans le sol, d'une quantité d'eau suffisante reste toujours indispensable.

CONCLUSION

Il faudrait être bien naïf, ou bien prétentieux, pour estimer que les pages qui précèdent ont fait le point, complet et définitif, sur l'ensemble des problèmes, très complexes, qui se posent à propos des rapports entre le rayonnement naturel et le milieu forestier. La forêt française recouvre près de 12 millions d'hectares, soit 21 % de la surface du territoire de notre pays. La forêt du monde s'étend sur près de 4 milliards d'hectares, c'est-à-dire sur le tiers de l'ensemble des terres émergées. Son faciès varie des massifs équatoriaux, denses et luxuriants, aux toundras nordiques, clairiérées et faméliques. Plusieurs centaines d'espèces principales s'y rencontrent, sans compter toutes les espèces secondaires. Quelques centaines de chercheurs ont commencé, très partiellement, à prospecter, du point de vue photologique, ce très vaste domaine et l'on vient de tenter, très imparfaitement du reste, d'analyser certaines de leurs observations. On pourrait donc, à juste titre, être effrayé par l'ampleur des recherches à poursuivre, et la multiplicité des phénomènes mis en cause. Et cependant, quels progrès sont déjà accomplis !!! :

- on dispose d'un certain nombre d'appareils, peut-être pas encore très précis, mais assez pratiques, qui permettent de mesurer le pourcentage de rayonnement absorbé par les cimes de certains peuplements, ou celui qui parvient au sol ;

- on a pu caractériser la façon dont le rayonnement s'affaiblit en pénétrant dans le couvert, et déterminer comment il se répartit au sol, dans des ouvertures de dimensions et de formes variées. On a également commencé à étudier la modification de la composition de ce rayonnement, quand il est filtré par certains feuillages ;

- on a trouvé que la majorité des espèces en étude (en nombre encore très réduit, il faut bien le reconnaître), même si elles sont considérées comme des " essences d'ombre typiques ", bénéficiaient cependant, dans de larges limites, d'un apport de radiations très supérieur à celui que l'on observe dans les stations où elles s'installent naturellement ;

- on a tenté de distinguer le comportement des espèces résineuses, la plupart du temps insensibles au rayonnement latéral (sauf pendant leur toute première jeunesse) de celui des espèces feuillues, qui restent pendant la majeure partie de leur existence soumises à l'influence de ce rayonnement ;

- on a établi certaines liaisons entre la densité des peuplements, la quantité de rayonnement absorbé par les cimes, et l'accroissement annuel en volume des arbres qui les composent ;

- on a mieux compris dans quelles directions doivent se poursuivre les recherches pour permettre à l'essentielle photosynthèse de mieux s'accomplir, entraînant une production ligneuse accrue, et de qualité supérieure : action sur le sol (engrais, alimentation en eau) permettant à l'arbre de mieux utiliser le rayonnement solaire - choix des variétés qui, grâce à certaines particularités physiologiques, ont un " coefficient d'utilisation du rayonnement " normalement élevé - méthodes culturales qui favorisent l'ensemble des phénomènes de nutrition carbonée, en réduisant l'action, souvent ralentissante, du rayonnement latéral sur l'élongation et le développement de la tige. Beaucoup de ces directions de recherches sont, évidemment explorées ; mais, jusqu'ici d'une façon fragmentaire et utilitaire directe (on étudie par exemple la question ,des engrais parce que l'on constate, souvent, que certaines doses de minéraux ont, sur certaines espèces, un effet favorable). Mais si l'on change de point de vue, si l'on élargit la perspective à la dimension globale réelle : l'arbre est fait surtout d'air, d'eau et de rayonnement solaire et tous les efforts doivent tendre à activer ce phénomène, et à réduire les influences défavorables qui peuvent, en certaines de ses phases, jouer le rôle de " goulot d'étranglement ", on découvrira une foule d'essais à effectuer, une multitude de points de vue originaux, dont la prise en considération contribuera à construire la sylviculture de demain.

- Certes, la connaissance *absolue* n'est pas à la portée des chercheurs forestiers, ni des autres du reste : " pour comprendre *rigoureusement* le centième de pouce d'un brin d'herbe, il faudrait comprendre tout l'univers " disait, paraît-il, EINSTEIN. Mais entre cette connaissance absolue, et l'ignorance totale, il existe de nombreux paliers, et les travaux des photologues forestiers permettront, certainement, aux sylviculteurs, d'en franchir quelques-uns.

ANNEXE

Pendant la réalisation matérielle de cet ouvrage, certains éléments nouveaux, intéressants dans le domaine de la Photologie Forestière, sont intervenus, et il paraît utile de les signaler sommairement :

Les appareils donnant directement l'image du couvert (page 26)

M. BECKER, Ingénieur de recherches au C.N.R.F. a mis au point un procédé photographique original (emploi de l'objectif " fish eye"), qui donne très rapidement, d'une manière approchée, le pourcentage de lumière transmis sous les différents couverts. L'intérêt de cette méthode est qu'elle corrige, automatiquement, l'affaiblissement du rayonnement solaire en fonction de la hauteur du soleil sur l'horizon, et qu'elle fait intervenir à la fois le rayonnement solaire direct, et le rayonnement diffusé, d'une façon un peu analogue à celle exposée plus haut dans l'étude des méthodes théoriques.

Développement des peuplements en fonction du rayonnement naturel absorbé (voir page 110)

En partant des courbes reliant l'intensité de la photosynthèse à l'éclairement reçu par les appareils foliacés (voir, par exemple, la fig. 50), et en imaginant divers " modèles " de peuplements à 1, 2 ... n étages, il est possible de déterminer la " production potentielle " (toutes autres conditions favorables étant supposées remplies) de futaies à un ou à plusieurs étages d'appareils foliacés. Par exemple, pour le hêtre commun, on peut calculer qu'une futaie à un seul étage de feuilles (type très théorique) peut élaborer une " biomasse " globale de 12,6 tonnes de matières sèches, par hectare et par an, pour une absorption d'énergie lumineuse presque totale. Dans les mêmes conditions, une futaie à 6 étages de feuilles peut élaborer 18,7 tonnes de matières sèches par hectare et par an. Il apparaît ainsi que, conformément à ce qui a été trouvé pour la production des cultures agricoles (P. CHARTIER - 1967 à 1970), l'absorption discrète et progressive d'une certaine quantité d'énergie lumineuse est plus efficace, pour la production ligneuse, que l'absorption massive et très localisée de la même quantité d'énergie.

BIBLIOGRAPHIE

ALEXEYEV V. A. (1963). *Quelques problèmes des propriétés optiques de la forêt* - dans : Problèmes de l'écologie et de la physiologie des plantes forestières -Académie Forestière Kirov, pp. 47-80 (en langue russe).

ANDERSON M. C. (1964). *Light relations of plants communities,* Biological Review, 39 pp. 425-486.

ASSMANN E. *(1961). Wäldertragskunde,* B.L.V-Verlag - München - Bonn - Wien, 490 pages.

BASSHAM J. A. & CALVIN M. (1959). *Le cycle du carbone dans la photosynthèse,* Dunod, 112 pages.

BASTIN R. (1967). *Traité de physiologie végétale,* Librairie scientifique et technique, 587 pages.

BAUMGARTNER A. (1956). *Untersuchungen über den Wärme- und Wasseraushalt eines jungen Waldes,* Berichte des Deutschen Wetterdienste N° 28, 53 pages.

BILLINGS W. D. (1964). *Plants and the ecosystem,* Macmillan and Co, 154 pages.

BOULLARD B. & MOREAU R. (1962). Sol, *microflore et végétation,* Masson et Cie édit., 172 pages.

BOUVAREL P. (1955). *La sélection individuelle des arbres forestiers,* Revue Forestière Française, n° 11, pp. 785-807.

DE BROGLIE L. (1937). *Matière et lumière,* Albin Michel, 342 pages.

CATINOT R. (1965). *Sylviculture tropicale en forêt dense africaine,* Centre Technique Forestier Tropical, n° 100 -101 -102 -103 -104, pp. 1-71.

CHAMPAGNAT P. & COL. *Collection de monographies de botanique et de biologie végétale* (en cours), Masson et Cie.

CHARTIER P. (1967). *Lumière, eau et production de matière sèche du couvert végétal,* Annales agronomiques, Vol. 18, n° 3, pp. 301-331.

CHOUARD P. (1949). *Expériences de longue durée sur le photopériodisme,* Mémoires de la Société Botanique de France.

DAVID R. (1952). *Les hormones végétales,* Presses Universitaires de France, 187 pages.

DEYSSON G. & MASCRE M. (1961). *Physiologie et biologie des plantes vasculaires* (Tome 111 du Cours de Botanique Générale), Sedes, pp. 1-273.

DUCHAUFOUR PH. (1970). *Précis de Pédologie,* Masson et Cie éditeurs, 488 pages.
EVANS L. T. (1963). *Environmental control of plant growth,* Academic Press, 449 pages.
FABRY C. (1927) *Introduction générale à la photométrie,* Revue d'optique théorique et instrumentale, 178 pages.

FAIRBAIRN W. A. (1954). *Difficulties in the measurement* of *light intensity,* Empire Forestry Review, Vol. 33 n° 3, pp. 262-269.

FAIRBAIRN W. A. & NEUSTEIN S. A. (1970). *Study of response of certain coniferous species to light intensity,* Forestry, Vol. 43, n° 1, pp. 57-71.

GALOUX A. (1968). Flux *d'énergie et cycles de matières en tant que processus écologiques,* Association Nationale des Professeurs de biologie de Belgique, n° 4, pp 167-202.

GAUTHERET R. J. (1959). *Les cultures de tissus végétaux, techniques et réalisations,* Masson et Cie, 884 pages.

GIACOBBE A. (1969). *La rinnovazione naturale dell'abete appenninico,* Academia Italiane di Scienze Forestali, pp 227-289.

GIESE A, (1 964). *Photophysiology,* Tomes 1 et Il - Academic Press - 377 pages et 441 pages.

GUINIER PH., OUDIN A. & SCHAEFFER L. (1947). *Technique Forestière,* La Maison rustique, 376 pages.

JACQUIOT C. (1964). *Application de la technique de culture des tissus végétaux à l'étude de quelques problèmes de la physiologie de l'arbre,* Annales des Sciences Forestières -Tome XXI, n° 3, pp 310–473.

JACQUIOT C. (1970). *La Forêt,* Masson et Cie, 160 pages.

LARCHER W. (1969). *The effects of environmental and physiological variables on the carbon dioxide gas exchange of trees.* Photosynthética, n° 3 (2), pp 167-198.

LE GRAND Y. (1967). *Lumière et vie animale,* Presses Universitaires de France, 164 pages.

MAGINI E. (1967). *Recenti progressi della fotologia forestale in Francia.* L'Italia forestale e montana - XXI, n° 1, pp 20-23.

MAURAIN CH. (1937). *Etude pratique des rayonnements,* Gauthier Villars, 189 pages.

MOYSE A. (1 952-1953). *La photosynthèse,* Année biologique (Tomes 28 et 29) - pp 217-293, pp 165- 244.

NAEGELI W. (1940). *Lichtmessungen in Freiland und in geschlossenen Altholzbestânden,* Mitteilungen der Schweizerischen Anstalt für das forstliche Versuchswesen, XXI Band. 2 Heft, pp. 250-306.

PARDÉ J. (1961). *Dendrométrie,* Ecole Nationale des Eaux et Forêts, 350 pages.

PERRIN H. (1952-1954). Sylviculture: Tomes 1 et II, Ecole Nationale des Eaux et Forêts, 317 et 409 pages.

PERRIN DE BRICHAMBAUT (1963). *Rayonnement solaire et échanges radiatifs naturels,* Gauthier Villars, 301 pages.

PILET E. P. (1968). *Les phythormones de croissance,* Masson et Cie, 774 pages.

PLAISANCE G. (1959). *Les formations végétales et les paysages ruraux,* Gauthier Villars 418 pages.

PLAISANCE G. (1968). *Dictionnaire des forêts,* La Maison Rustique, 214 pages.

RABINOWITCH E. I. (1945-1951). *Photosynthesis and related process,* (Tomes I et 11) Interscience publishers.

ROUSSEL L. (1953). *Recherches théoriques et pratiques sur la répartition, en quantité et en qualité, de la lumière dans le milieu forestier - Influence sur la végétation,* Annales de l'Ecole Nationale des Eaux et Forêts de Nancy, Tome XIII fas. 2, pp 295-400.

ROUSSEL L. (1966-1967). *Les radiations naturelles et la forêt,* Société Forestière de Franche-Comté, 79 pages.

SAUBERER E. & HÄRTEL 0. (1959). *Pflanze und Strahlung,* Geest & Portig, 268 pages.

TERRIEN J. & TRUFFAUT G. (1951). *Lumière et végétation,* Presses Universitaires de France, 183 pages.

TRONCHET A. & GRANDGIRARD A. (1956). *L'analyse histométrique et son application à l'Ecologie forestière,* Ann. Sci.Univ. Besançon, 2° Série Bot. 8, pp 3-30.

VEZINA P. E. (1960). *Recherches sur les conditions de lumière et de précipitations dans les forêts traitées par les coupes progressives par groupes,* Mémoires de l'Institut Suisse de Recherches Forestières, Vol. 36, Cahier 2, pp37-137.

On trouvera, en outre, de nombreuses études concernant les problèmes de la photologie forestière dans les revues, françaises et étrangères, spécialisées dans les questions de sylviculture, de physiologie végétale et d'écologie. Sont cependant à suivre d'une façon toute particulière, les publications effectuées par:

- Le *Groupe d'Etude des Problèmes de Physiologie de l'Arbre* (M. JACQUIOT Directeur de Recherches à l'Institut du Bois à Paris), pour les problèmes de physiologie des végétaux ligneux.

- L'Institut *Botanique d'Innsbruck* (M. LARCHER, Professeur-Directeur de cet Institut), pour les recherches de photophysiologie des végétaux ligneux.

- La *Station de Recherches des Eaux et Forêts de Groenendaal-Hoeilaart en Belgique* (M. GALOUX, Professeur et Directeur de cette Station), pour les études concernant les facteurs physiques dans le milieu forestier.

―

L'auteur remercie : la Société Forestière de Franche-Comté - le Centre National de la Recherche Forestière de Nancy - l'Institut Botanique de Besançon - l'Institut Botanique d'Innsbruck - la Station de Recherches des Eaux et Forêts de Groenendaal-Hoeilaart - la Station d'Expérimentation forestière de Petawawa (Canada) - la Station de Recherches forestières de Zurich et l'Institut de Météorologie Physique de Davos qui l'ont autorisé à utiliser certains de leurs clichés, ou à reproduire certaines de leurs figures, pour l'illustration de cet ouvrage.

Exemples de totalisateurs électroniques autonomes de lumière (h.roussel -1975)

FIG. 58 - totalisateur autonome de lumière utilisant un compteur d'impulsions électromécanique et une alimentation unique de 6 volts -basé sur l'utilisation d'un monostable de type 555 - l'autonomie était de l'ordre d'un mois en plein découvert.

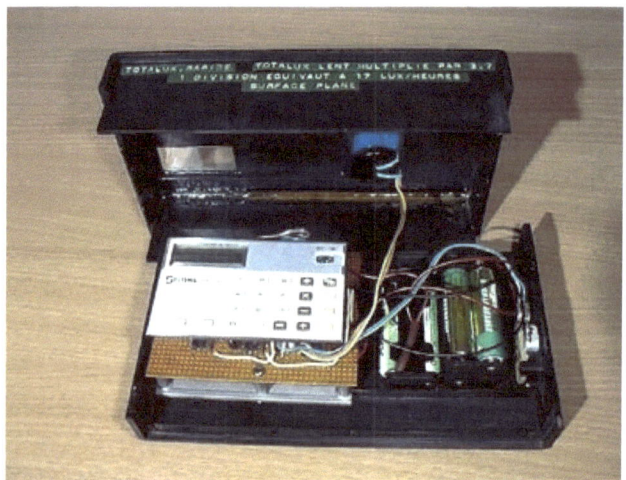

FIG. 59 - totalisateur autonome de lumière utilisant une calculatrice comme compteur d'impulsions - entièrement électronique, il présentait plusieurs avantages : une autonomie d'environ 6 mois et la possibilité d'afficher directement la quantité d'énergie mesurée dans l'unité de son choix.

FIG. 60 - pour terminer, un exemple de totalisateur autonome totalement étanche - alors que les deux appareils précédents étaient conçus pour résister aux conditions climatiques modérées de l'est de la France, celui-ci pouvait endurer les conditions particulières de la forêt tropicale humide - l'appareil est présenté ici sans alimentation (batteries séparées), ni cellule photoélectrique (module externe, étanche lui aussi) - les bouchons en caoutchouc permettaient d'accéder à la remise à zéro du compteur, et de renouveler la dose de Silicagel - un problème inattendu : les mesures étaient régulièrement perturbées par les animaux sauvages venant renverser et piétiner les appareils en station...

TABLE DES MATIÈRES

introduction - p 3
rappel de quelques définitions - p 4

chapitre 1 - le soleil et le monde vivant - p 6
le soleil divinisé - p 6
le soleil quantifié - p 9
la photochimie - p 11
la photobiologie - p 13
la photologie forestière - p 14

chapitre 2 - étude physique du rayonnement naturel - p 18
les appareils - p 18
  - les récepteurs thermiques - p 19
  - les récepteurs quantiques - p 22
  - les autres types de récepteurs - p 25
le rayonnement naturel en plein découvert - p 28
  - durée du jour et temps d'insolation - p 28
  - intensité du rayonnement naturel global - p 30
  - composition du rayonnement naturel global - p 32
  - albédo - p 33
  - éclairement énergétique et éclairement visuel - p 34
la modification du rayonnement naturel dans le milieu forestier - p 34
  - considérations théoriques - p 35
  - méthodes expérimentales - p 40

chapitre 3 - effets physiologiques partiels du rayonnement naturel sur les végétaux - p 47
effet photopériodique et rythmes biologiques - p 47
effets du rayonnement naturel sur la germination et sur la croissance - p 50
effets du rayonnement naturel sur la nutrition carbonée, la respiration et la transpiration - p 52
autres effets du rayonnement naturel - p 61

chapitre 4 - effets pratiques globaux de l'ensemble du rayonnement naturel sur les végétaux - p 64

le cortège des facteurs écologiques - p 64

   - variations de quelques facteurs physiques dans le milieu naturel - p 66

   - variations de quelques facteurs physiques dans des cases de végétation installées en forêt - p 67

réactions des végétaux aux variations du rayonnement naturel - p 69

   - influence du rayonnement naturel sur la composition de l'étage inférieur des sous-bois - p 69

   - développement des jeunes arbres en fonction du rayonnement relatif de leur station - p 76

   - cas des arbres résineux - p 76

   - cas des arbres feuillus - p 92

   - développement des peuplements en fonction du rayonnement naturel absorbé - p 110

applications sylvicoles - p 117

   - régénération naturelle du sapin pectiné et de l'épicéa commun en altitudes sol de rendzine - p 118

   - régénération naturelle du chêne rouvre et pédonculé, dans des taillis sous-futaie de plaine - p 119

   - enrésinement des taillis sous-futaie pauvres en réserves sur sol profond (type limon des plateaux) - p 122

conclusion - p 125 annexe - p 127 bibliographie - p 128

(exemples de réalisations de totalisateurs de lumière autonomes p 131, 132, 133)

www.ingramcontent.com/pod-product-compliance
Lightning Source LLC
Chambersburg PA
CBHW040806200526
45159CB00022B/30